Celina del Amo
Dr. med. vet. Renate Jones-Baade
Karina Mahnke

Der Hunde-Führerschein

Sachkunde – Basiswissen und Fragenkatalog

6., aktualisierte Auflage

Liebe Hundehalter,

wenn man sich für das Zusammenleben mit einem Hund entscheidet, wird das Leben fortan durch ein hochsoziales Lebewesen bereichert. Aufgrund der sehr unterschiedlichen Rasseveranlagungen, Aufzucht- und allgemeinen Vorgeschichten sowie individuellen Lebenserfahrungen ist Hund jedoch nicht gleich Hund. Auch die Haltungsform des Hundes kann vom Familienbegleithund über den Diensthund bis zum Rettungs- oder Servicehund variieren. Dies spiegelt sich auch in den Ansprüchen an die Erziehung und Ausbildung des Hundes wider. Die Stressbelastung des Hundes, die das alltägliche Leben mit seinen Reizen und Turbulenzen mit sich bringt, kann durch eine bedachte Auswahl, Unterbringung und Haltung, Pflege und Gesunderhaltung sowie Erziehung und Führung des Hundes minimiert werden. Bei der Gestaltung der Texte in diesem Buch haben wir uns bemüht, für Sie eine kurze und moderne Übersicht über die wichtigsten Punkte der angesprochenen Bereiche zu erstellen. Auch im Hinblick auf die in einigen Bundesländern vom Gesetzgeber vorgeschriebenen Hundeführerschein- bzw. Sachkundeprüfungen finden Sie Beispielfragen zur Vorbereitung auf eine ggf. anstehende theoretische Prüfung. Wir wünschen Ihnen viel Freude mit Ihrem Hund!

Herzliche Grüße
Celina del Amo

Inhalt

Basiswissen

Entwicklungsgeschichte des Hundes

Es gibt heute auf der Welt über 400 verschiedene Hundrassen. Alle haben einen gemeinsamen Stammvater: den Wolf. Man weiß durch Knochenfunde, dass Hunde schon seit etwa 35000 Jahren mit Menschen zusammenleben.

Wie aus dem Wolf ein Hund wurde, ist noch nicht im Detail erforscht. Vermutlich suchten Wölfe die Nähe des Menschen. Reste von Jagdbeute könnten ein Grund gewesen sein. Vielleicht wurden hin und wieder auch Wolfswelpen von Menschen aufgezogen, die in enger Nähe der Menschen blieben und ihrerseits später selbst Junge bekamen. Dann begann eine Selektion. Zunächst wurden die zahmen Tiere geduldet und die anderen verjagt oder getötet. Anschließend wurde auch auf andere Merkmale selektiert, die den Menschen gefielen.

Aus dem Wildtier Wolf wurde im Laufe der Zeit das Haustier Hund. Diesen Prozess nennt man Domestikation.

Auch in der heutigen Zeit haben Hunde immer noch das Potenzial zum Raubtier. Wenn sie jedoch, wie in den meisten Fällen, in menschlicher Obhut aufwachsen und mit Menschen schon als kleiner Welpe positive Erfahrungen machen, sind sie an den Menschen sozialisiert. Menschen gehören dann in den Augen des Hundes sozusagen zu einer befreundeten Art, mit der sie in einem engen Gruppenverband leben können. Der Hund ist ein domestiziertes Raubtier. Er ist und bleibt ein Jäger und in jedem Fall ein soziales Rudeltier, das auf enge Kontakte mit Sozialpartnern wie Artgenossen und Menschen angewiesen ist.

Die Auswahl von Zuchttieren ging im Laufe der Zeit immer weiter. Für verschiedene Aufgabenfelder wurden Spezialisten gezüchtet, etwa Hunde für verschiedene Jagdaufgaben, Hütehunde, Schlittenhunde, Wachhunde und andere.

Die Zuchtmerkmale schlagen sich nicht nur im Aussehen, also dem Körperbau und der Fellbeschaffenheit nieder, sondern vor allem auch in der charakterlichen Veranlagung der Tiere. Klimatische Unterschiede und sich hieraus ergebende Besonderheiten der Einsatzbereiche von Hunden spiegeln sich in bestimmten Rassen wider.

Die einzelnen Hunderassen unterscheiden sich stark. Dies gilt sowohl für die Veranlagung als auch für das Aussehen. Manche Hunderassen sind auf bestimmte Tätigkeitsfelder spezialisiert.

Trotz der großen Vielfalt kann man Rassegruppen benennen, in denen Hunde mit einer ähnlichen Veranlagung, oft auch mit einer ähnlichen Zuchtgeschichte oder dem gleichen Zuchtziel zusammengefasst werden.

Bei der Auswahl eines Hundes sollte auf die jeweilige Veranlagung der Rasse besonders geachtet werden, denn diese spielt auch im Bereich der Erziehung und des Zusammenlebens eine wichtige Rolle.

Die Natur hat es so eingerichtet, dass sich hauptsächlich die Tiere fortpflanzen, die sich besonders gut an die sich ständig verändernde Umwelt anpassen können. Hierbei spielen die körperliche Verfassung (Gesundheit, Kraft, Ausdauer u. a.) und besondere Fähigkeiten (Führungsqualitäten, Jagdtalent, Stressresistenz, Souveränität u. a.) der Tiere die Hauptrolle. Da aber bei der Hundezucht durch den Menschen heute keine natürliche Selektion mehr stattfindet, erfüllen nicht alle Zuchtrichtungen das Ziel, gesunde, spezialisierte Hunde hervorzubringen. Das ist für den Hund selbst kein Vorteil. Ganz im Gegenteil: In einigen Rassen oder bestimmten Linien einiger Rassen treten genetisch fixierte Krankheiten und Organschäden auf.

Das Verhalten des Tieres ist letztendlich immer sowohl von seinen genetischen Anlagen als auch (und das zu einem Großteil) von seiner Sozialisation, Habituation und seinen Lernerfahrungen abhängig. Dem Verlauf der ersten Lebenswochen kommt eine Schlüsselrolle zu.

Es ist unmöglich, innerhalb weniger Generationen eine charakterliche Veranlagung und eine bestimmte Spezialisierung zu ändern, für die diese Hunderasse seit vielen hundert Jahren gezüchtet wurde. Bei der Auswahl eines Welpen sollte v. a. darauf und weniger auf das Aussehen Wert gelegt werden, damit der Hund auch in optimaler Weise in sein späteres Umfeld passt und keine „vorprogrammierten“ Probleme auftreten.

Bei der Auswahl der Rasse sollte man vor allem auf die jeweiligen Unterschiede in der Veranlagung achten.

	Bauernhunde	Treibhunde	Herdenschutzhunde	Hütehunde	Diensthunde
Aufgaben	► Wächter von Haus und Hof ► wurden auch als Treib- und Zughunde eingesetzt	► Treiben der Rinderherden ► Wächter der Rinderherden	► Bewachen der Vieh- und Schafherden sowie des Besitzers (gegen Bären, Wölfe und Diebe) ► verbleiben häufig mehrere Tage alleine mit der Herde	► Zusammentreiben und Zusammenhalten der Schafe unter dem Kommando des Hirten ► sollen ein wehriges Schaf auch packen, es aber dabei nicht verletzen	► spezielle Selektion für den Schutzdienst
Rassebeispiele	Großer Schweizer Sennenhund, Bernhardiner	Appenzeller- und Entlebucher Sennenhunde, Rottweiler	Owczarek Podhalanski, Kuvasz, Kangal, Pyrenäenberghund	Border Collie, Australian Shepherd, Harzer Fuchs	Hovawart, Dtsch. Schäferhund, Dobermann, Schwarzer Russischer Terrier
Talente	► kräftige Tiere, die auch heute noch Zuglasten ziehen können ► neigen wenig zum Streunen, bleiben meist bereitwillig beim Anwesen ► eher ruhiges Temperament	► Hunde, die von sich aus sehr wachsam sind ► temperamentvoll	► sehr selbstständig ► hohe Verteidigungsbereitschaft	► wendige, sehr lauffreudige und schnelle Hunde ► hohe Arbeitsbegeisterung	► schnelle und lauffreudige Hunde ► lassen sich gerne anleiten und arbeiten mit Begeisterung mit ► vielseitig, z. B. Fährte, Schutzdienst, Laufsportarten
Mögliche Probleme	► große, kräftige Tiere ► territoriale Veranlagung	► kräftige Tiere ► territoriale Veranlagung ► besonders in Arbeitslinien ist die Tendenz nach den Fesselgelenken (Füßen, Knöchel) zu schnappen sehr verbreitet	► sehr starke territoriale Veranlagung ► starke Unabhängigkeit ► schwierigere Einflussnahme durch den Besitzer ► sehr selbstständige, große, kräftige Tiere ► besonders in Dämmerung sehr misstrauisch ► extrem anfällig für Sozialisationsmängel	► Hüteverhalten kann bei Unterbeschäftigung als lästiger „Spleen“ auftreten ► großes Lauf- und Arbeitsbedürfnis, das nicht leicht zu stillen ist ► sehr anfällig für Verhaltensprobleme durch mangelnde geistige Beschäftigung	► Lauf- und Arbeitsbedürfnis muss unbedingt gestillt werden ► hohe Reaktivität ► territoriale Veranlagung

	Doggenartige (Molosser)	Pinscher und Schnauzer	Spitze und Hunde vom Urtyp		
			Nordische Hunde		
			Schlittenhunde	Jagdhunde	Hütehunde
	► Wachhunde ► Jagdhunde ► Kampfhunde gegen Bären und Bullen ► Kriegshunde ► Begleithunde des Adels	► Bewachen der Stallungen und Rattenvertilger ► Begleiter und Verteidiger der Kutschen	► Schlitten ziehen ► Jagd	► Stumme Jagd ► verbellen Wild erst, wenn sie es gestellt haben	► Hütearbeit ► Bewachen der Wohnstätte
	Deutsche Dogge, Bordeauxdogge, Mastiff, Mastino Napoletano	Deutscher Pinscher, Mittelschnauzer	Husky, Alaskan Malamute, Samojede, Grönlandhund	Laiki, Jämthund, Elchhund	Lappenspitz, Buhund
	► große, kräftige, recht ruhige Hunde ► je nach ursprünglicher Verwendung (Jagen, Wachen, Verteidigen) ► imposanter Begleithund	► sehr wendige und schnelle Hunde ► ausgeprägte Jagdpassion ► „Draufgänger“	► kräftige Hunde ► Schlitten ziehen und andere Laufsportarten ► Jagdpassion	► Laufsportarten ► Jagd	► kräftig und lauffreudig
	► große, kräftige Hunde ► viele Rassen sind von gravierenden Skelettproblemen betroffen ► je nach ursprünglicher Verwendung territoriale Veranlagung	► Jagdveranlagung ► territoriale Veranlagung	► starke Jagdveranlagung ► großes Bewegungsbedürfnis ► selbstständiger Charakter	► starke Jagdveranlagung ► großes Bewegungsbedürfnis ► selbstständiger Charakter ► z. T. bellfreudig	► großes Bewegungsbedürfnis ► territoriale Veranlagung ► bellfreudig

Bei der Auswahl der Rasse sollte man vor allem auf die jeweiligen Unterschiede in der Veranlagung achten.

	Spitze und Hunde vom Urtyp		**Zwerghunde**	**Terrier**	
	mitteleuropäische und asiatische Spitze	**Hunde vom Urtyp**			**Schweißhunde**
Aufgaben	► Wachhunde (sog. Mistbeller) ► Fleischproduktion	► Jagdhunde ► Wachhunde ► verwilderte Haushunde	► keine spezielle Aufgabe ► wurden gezüchtet, um als Schoßhunde bei Hof gehalten zu werden	► Jagd auf Fuchs, Dachs, Kaninchen, Ratten und Mäuse	► Schweißarbeit (Fährte eines verwundeten Tieres aufspüren)
Rassebeispiele	Wolfsspitz, Mittelspitz, Kleinspitz, Eurasier, Chow-Chow, Japanspitz	Dingos, Kanaan Hund, Podencos, Basenjis	Malteser, Havaneser, Pekingese, Zwergspaniel	Jack Russel-, Welsh-, Border-, Yorkshire-, Cairn Terrier	► Hannoverscher Schweißhund, Bayrischer Gebirgsschweißhund
Talente	► gute Wächter ► kaum Tendenz zu Streunen	► je nach ursprünglicher Verwendung ► meist Jagdaufgaben, teilweise gute Wächter	► agile Kleinhunde ► arbeiten freudig mit, wenn sie entsprechend angeleitet werden ► spielfreudig	► lauffreudig ► agile Hunde ► Jagdpassion	► vielseitig, lauffreudig,
Mögliche Probleme	► bellfreudig ► selbstständiger Charakter ► territoriale Veranlagung	► je nach ursprünglicher Verwendung ► oft starke Jagdpassion ► sehr selbstständig und ungebunden ► Dingos sind Wildtiere; keine Haltung als Haus- und Familienhund möglich	► benötigen von Anfang an ausreichend Sozialkontakte ► werden häufig unterfordert ► bellfreudig	► Jagdeifer ► selbständig ► territoriale Veranlagung ► leicht erregbar	► starke Jagdpassion mit Neigung zum Wildern und Streunen, wenn sie nicht beschäftigt werden

Jagdhunde					
Niederläufige Bracken	**Laufhunde/ Bracken**	**Vorstehhunde**	**Stöberhunde**	**Apportierer**	**Windhunde**
► Hasen-, Fuchs-, Dachsjagd ► Nachsuchen ► Stöbern ► Baujagd	► Jagen in Meute oder paarweise bei Hetzjagden ► Hasen-, Fuchs-, Dachsjagd ► Schweißarbeit ► jagen spurlaut	► Vorstehen ► Apportieren	► Stöbern (Aufscheuchen von Wild) ► Apportieren	► Apportieren auch aus dem Wasser	► Jagen auf Sicht, unabhängig vom Besitzer
Dackel, Westfälische Dachsbracke, Petit Basset Griffon Vendéen	Foxhound, Beagle, Brandlbracke	Pointer, Dtsch. Vorstehunde, Setter	Spaniel, Deutscher Wachtelhund	Labrador, Golden Retriever, Spanischer Wasserhund, Wasserspaniel	Afghane, Barsoi, Whippet
gute Nase, je nach ursprünglichem Zuchtziel und ursprünglicher Verwendung Spezialtalente, ausgeprägte Jagdpassion					
► starke Jagdpassion ► selbstständig	► starke Jagdpassion mit Neigung zum Wildern und Streunen, wenn sie nicht beschäftigt werden ► selbstständig	► starke Jagdpassion mit Neigung zum Wildern und Streunen, wenn sie nicht beschäftigt werden	► starke Jagdpassion mit Neigung zum Wildern und Streunen, wenn sie nicht beschäftigt werden	► Neigen zum Verteidigen von Gegenständen, große Wasserbegeisterung	► starke Jagdpassion ► sehr selbstständig

Verhalten, Kommunikation, Aggression, Angst

Das oberste Ziel jedes Lebewesens besteht darin, die eigenen Gene an die nächste Generation weiterzugeben. Es ist also angeboren, für das eigene Überleben zu sorgen, sich selbst zu schützen, zu verteidigen und möglichst viele eigene Nachkommen hervorzubringen.

Um dies zu erreichen, ist ausreichend Nahrung, ein funktionierender, möglichst unversehrter Körper sowie ein Fortpflanzungspartner und zudem ein Territorium zur Aufzucht des Nachwuchses nötig.

Hunde und Wölfe haben dazu im Lauf der Evolution die Fähigkeit entwickelt, in einem Familienverband zusammenzuleben. Sie sind „obligat sozial", d. h. sie sind zwingend darauf angewiesen, in einem sozialen Verband zu leben. Jedes Mitglied einer solchen Gemeinschaft muss in der Lage sein, für sich die zum Überleben erforderlichen Dinge (Ressourcen) zu erwerben und zu behalten.

Häufige und ernsthafte Auseinandersetzungen um Ressourcen innerhalb einer Gruppe können zu Verletzungen einzelner Gruppenmitglieder führen. Das wiederum würde deren Fähigkeiten zur Verteidigung und zur Jagd beeinträchtigen und damit das Überleben der gesamten Gruppe gefährden. Es muss also Regeln geben, die ein geordnetes Zusammenleben ermöglichen.

Hund-Halterbeziehung

Bisher hat man die sogenannte „Rangordnung" für den wichtigsten Faktor im Zusammenleben von Wölfen, von Hunden und auch von Menschen und Hunden betrachtet. Dabei geht man davon aus, dass das geordnete Zusammenleben in der Gruppe darauf beruht, dass stärkere Tiere ihre eigenen Ansprüche besser durchsetzen können. So erwerben sie durch körperlichen Einsatz Rechte und einen höheren Rang. Autorität und schließlich Führungspositionen wären damit dann das Ergebnis körperlicher Überlegenheit. Indem sich die stärkeren Tiere durchsetzen, sorgen sie für eine „funktionierende" Rangordnung.

Neuere wissenschaftliche Erkenntnisse, u. a. Beobachtungen an freilebenden Wölfen (David Mech), zeigen jedoch, dass die Einordnung in eine soziale Gruppe nicht darauf beruht, dass körperlich stärkere Tiere die anderen dazu zwingen, sich unterzuordnen. Vielmehr wird immer klarer, dass ein erfolgreiches soziales Zusammenleben auf dem frühzeitigen Erlernen bestimmter Regeln beruht.

Anders als bei der traditionellen Vorstellung der Rangordnung, die durch körperliche Überlegenheit erzwungen wird, gewinnen Rituale und Regeln ihre Wirkung dadurch, dass sie durch regelmäßige Durchführung trainiert werden. Sie bewirken, dass der

Umgang miteinander für alle Beteiligten vereinfacht und überschaubar wird, ähnlich wie z. B. eine Hausordnung oder Spielregeln. Weil jeder in der Gruppe weiß, woran er ist, entwickelt sich ein entspanntes Miteinander. Das führt zu gegenseitigem Vertrauen und bildet die Grundlage für ein geordnetes und entspanntes Zusammenleben.

Wölfe und Hunde sind durch die Evolution gut dafür vorbereitet, erfolgreich in einem sozialen Verband mit Artgenossen zu leben. Die Grundlagen für die Verständigung mit Artgenossen sind angeboren. Die erforderlichen Verhaltensweisen passen bei Mutter und Welpen zusammen wie Stecker und Steckdose, sie müssen jedoch im täglichen Zusammenleben trainiert werden. Die Welpen lernen und üben mit Mutter und Geschwistern von Anfang an den angemessenen Umgang miteinander. So können sich Gewohnheiten und Rituale entwickeln, durch die letztendlich Ernstkämpfe zwischen den Gruppenmitgliedern vermieden werden. Manche dieser Verhaltensweisen lösen später bei erwachsenen Tieren Pflegeverhalten aus und/oder dienen als Unterordnungssignale wie z. B. das Mundwinkellecken.

Es ist wichtig, sich bewusst zu machen, dass Mensch und Hund die Grundlagen zur gegenseitigen Verständigung nicht angeboren sind. Jeder einzelne Hund und jeder Hundehalter müssen erst lernen, einander „zu lesen“ und zu verstehen.

In vielen einzelnen Interaktionen erhält jeder Hund Informationen über die Stärken und Schwächen des anderen.

Kommunikation

Für das Zusammenleben in einer Gemeinschaft ist neben klaren Regeln auch die erfolgreiche Verständigung der einzelnen Gruppenmitglieder miteinander erforderlich.

Hunde kommunizieren mit ihren Sinnesorganen und durch ihre Körpersprache: Durch Hören, Riechen, Schmecken, Berühren und Sehen werden Informationen vom Sender zum Empfänger übermittelt.

Menschen wie Hunden sind die grundlegenden Signale ihrer eigenen Art und das Verständnis für die Bedeutung dieser Signale angeboren. Es erfolgt aber eine Anpassung durch Lernen.

Hunde gebrauchen ihre angeborenen Signale nicht nur gegenüber anderen Hunden, sondern auch gegenüber Menschen. Das beweist aber nicht, dass Hunde uns Menschen als Hunde sehen. Hunde können sich nun einmal auch gegenüber Menschen nur wie Hunde verhalten.

Die Bedeutung, die angeborene Signale in den Bereichen Geruch oder Gehör für Hunde haben, ist für Menschen häufig schwer zugänglich. Aber über Gesichtsausdruck (Mimik), Körperhaltung und Bewegungen von Hunden machen wir Menschen uns immer wieder Gedanken. Allerdings ist unsere gefühlsmäßige Auslegung in vielen Fällen fehlerhaft oder trifft überhaupt nicht zu. Dies liegt daran, dass dabei den Hunden menschliche Motive und Gefühle untergeschoben werden.

Die Übertragung von menschlichen Motiven auf Hunde birgt für Hunde viele Nachteile, weil mit dieser Vermenschlichung automatisch eine Wertung des Verhaltens verbunden ist. Ein Beispiel ist der „schuldbewusste" Hund.

Die Körperhaltung des „schuldbewussten" Hundes – geduckt, eingezogener Schwanz, schräg gelegter Kopf mit angelegten Ohren, abgewandter Blick – bedeutet gegenüber anderen Hunden oder im Wolfsrudel: „Bitte tu mir nichts!" und beschwichtigt aggressives Verhalten. Beim Menschen bewirkt diese Körperhaltung das Gegenteil: Sie wird als Schuldbewusstsein interpretiert – der Hund „weiß", dass er Unrecht getan hat und verdient deshalb eine Strafe. Der Mensch habe daher nicht nur das Recht, nein, sogar die Pflicht, diesen Hund zu bestrafen. Also wird der Hund bestraft – häufig wird ihm etwas körperlich Unangenehmes zugefügt.

Ein trauriges Missverständnis. Die angeborene Körperhaltung, die sagen soll: „bitte tu mir nichts, ich habe Angst", wird von Menschen oft nicht verstanden und fehlinterpretiert.

Körpersprache

Das Gehirn des Hundes ist im Aufbau dem des Menschen sehr ähnlich. Das betrifft auch die Bereiche, von denen wir wissen, dass sie bei uns für die Gefühle verantwortlich sind. Daher geht man heute davon aus, dass Hunde genauso wie wir die Gefühle Angst, Freude, Wut und Trauer kennen. Wie bei uns ist bei Hunden ein Zusammenhang zwischen Gefühlszustand, Körperhaltung und Bewegungsabläufen angeboren.

Gesichtsausdruck (Mimik), die Körperhaltung und die Bewegungsabläufe erlauben also Rückschlüsse darauf, wie ein Hund sich fühlt. Ein Hund, der sich unsicher fühlt, der Angst hat, macht sich klein. Der Körper ist zusammengezogen, die Beine eingeknickt, der Schwanz eingezogen und manchmal bis unter den Bauch geklemmt. Die Pupillen sind weit, das Weiße im Auge kann sichtbar sein, der Blick ist abgewendet. Die Ohren sind eng nach hinten an den Kopf gelegt, die Maulwinkel spitz nach hinten gezogen. Das soll zunächst aggressives Verhalten beim Gegenüber beschwichtigen.

Wenn das nicht gelingt, kann Drohverhalten gezeigt werden. Dabei wird der Nasenrücken gerunzelt und/oder die Zähne gezeigt. Aufgrund der erhöhten Erregung sträuben sich die Haare im Nackenbereich und/oder auf der Kruppe. Lautäußerungen wie Knurren, Bellen und Knurrbellen treten auf. Zusätzlich soll Schnappen, allerdings ohne Vorwärtsbewegung, das Gegenüber auf Abstand halten. Unsicherheit und Angst führen zur Verteidigungsbereitschaft (defensives Verhalten). Das alles zeigt sich deutlich in der gesamten Körpersprache. Ein solcher Hund ist durchaus bereit, sich trotz seiner Angst und Unterlegenheit im Notfall zu verteidigen.

Ein **selbstbewusster Hund** zeichnet sich zunächst durch Neutralität

Körpersprache des Hundes

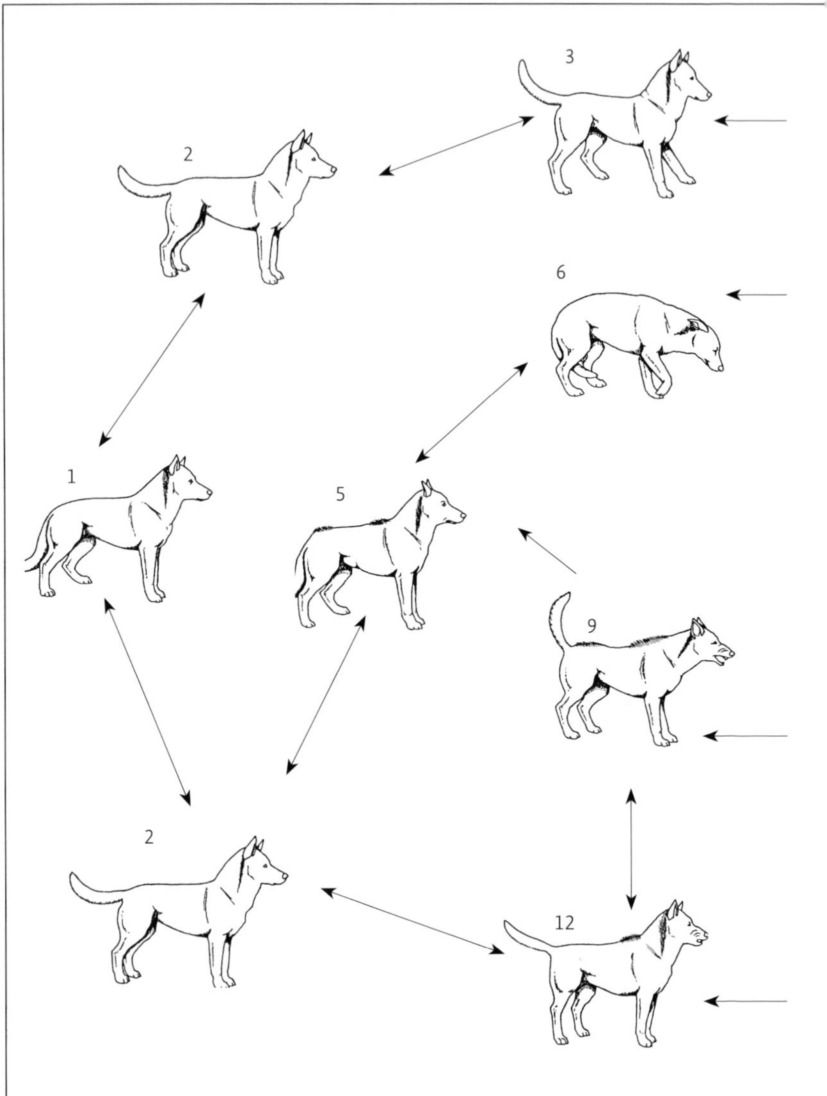

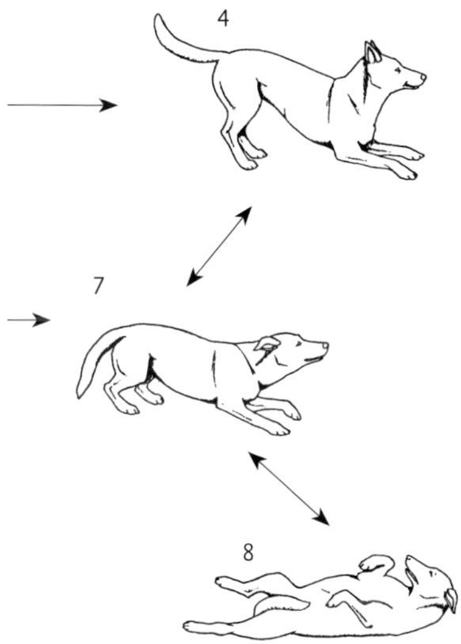

Die Körpersprache des Hundes ist situationsgebunden. Die Übergänge sind fließend. Hund 1: neutrale Körperhaltung · Hund 2: aufmerksam · Hund 3 und 4: Spielpositionen · Hund 5: unsicher · Hund 6: Beschwichtigungsgesten · Hund 7: aktive Unterwerfung · Hund 8: passive Unterwerfung · Hund 9: unsicheres Drohen · Hund 10 und 11: unsicheres Drohen, bereit zur Flucht oder zum Angriff · Hund 12: selbstsicheres Drohen · Hund 13: selbstsicheres Drohen, bereit zum Angriff.
Das Fell ist aufgrund der erhöhten Erregungslage des Hundes gesträubt. Die Stelle – im Nacken und/oder auf der Kruppe – ist kein Hinweis auf Selbstsicherheit oder Unsicherheit des Hundes.

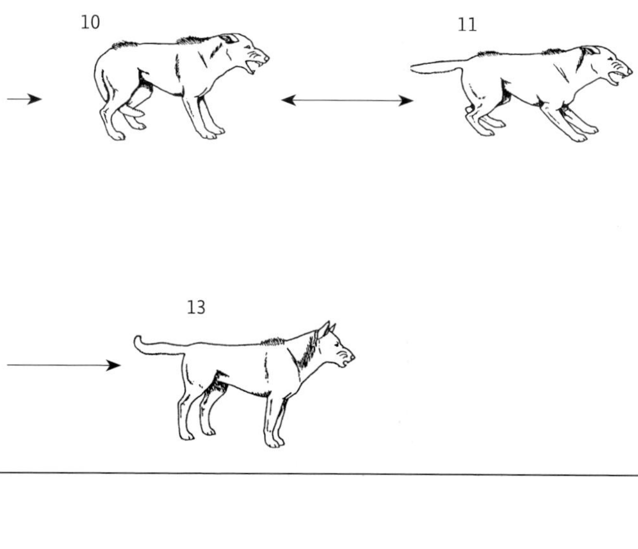

aus. Seine Körperhaltung drückt weder Unsicherheit aus noch sendet er Signale, die von vornherein Selbstsicherheit signalisieren sollen. Das hat er gar nicht nötig. Erst wenn es die Situation erfordert, zeigt er durch hohe Körperhaltung, gerade, aufgerichtete Beine und einen aufgerichteten Schwanz, wie stark er sich fühlt. Die Ohren sind dabei hoch aufgerichtet und nach vorn gestellt. Wenn ein selbstsicherer Hund **droht**, schaut er dabei sein Gegenüber direkt an, fixiert es. Auch hier wird der Nasenrücken gerunzelt und/oder die Zähne gezeigt, die Maulwinkel sind kurz und rund. Die Haare sträuben sich im Nacken und/oder auf der Kruppe. Die gesamte Einheit von körpersprachlichen Signalen beim Drohen bezeichnet man als **aggressives Display**.

Bei einem selbstsicheren Tier, das angreift, erfolgt Schnappen und schließlich Beißen aus der Vorwärtsbewegung (offensive Aggression).

Generell entspricht der Ausprägungsgrad der körperlichen Signale der Stärke der Gefühle. Schnelle Änderungen, Umschwünge und auch Überlappungen, also zwiespältige Gefühle, sind möglich. Sie zeigen sich in der Körpersprache, allerdings manchmal nur für Bruchteile von Sekunden.

Ein unsicherer und ängstlicher Hund, der die Erfahrung macht, dass aggressives Verhalten ihm nützt, lernt Mimik und Körperhaltung eines selbstsicheren Hundes zu zeigen. Er zeigt also ein **offensives Display**, obwohl seinem Verhalten immer noch Angst zugrunde liegt. Die unsichere Grundhaltung kann dabei – manchmal nur für kurze Augenblicke – sichtbar werden.

Die geschilderten offensiven und defensiven körpersprachlichen Signale sind auffällig und haben daher bisher viel Interesse auf sich gezogen. In den letzten Jahren hat sich aber die Aufmerksamkeit auch in der Wissenschaft immer mehr auf die Signale gerichtet, die angespannte Situationen entschärfen sollen. Zu diesen **Beschwichtigungsgesten**, den sogenannten **Calming-Signals**, gehören über die Oberlippe lecken, Blick oder Kopf abwenden, das Einnehmen einer etwas seitlich abgewendeten Körperhaltung, am Boden schnüffeln und viele andere.

Die Unterschiede im Aussehen der Hunde, die durch die Zucht der verschiedensten Rassen entstanden sind, beeinflussen natürlich ihre Verständigungsmöglichkeiten untereinander. Bei manchen Rassen können Signale nur noch undeutlich gezeigt werden oder sind überhaupt nicht mehr möglich. Es ist nicht leicht zu erkennen, ob Hängeohren ängstlich angelegt sind oder ob die Nase eines chinesischen Faltenhundes gerunzelt ist. Zeigt eine Bordeauxdogge die Zähne oder zieht sie die Maulwinkel lang nach hinten? Geht ein Chow-Chow steif und mit aufgerichtetem Schwanz, weil er selbstsicher imponieren will oder weil ihm dieses Aussehen angezüchtet ist? Wie soll ein Yorkshire-Terrier ohne Schleife genug von Körperhaltung und Mimik eines anderen Hundes sehen, um sich selbst angemessen zu verhalten?

Hunde müssen Erfahrungen mit anderen Hunden sammeln, damit sie sich angemessen miteinander verständigen können. Missverständnisse können nur vermieden werden, wenn Hunde auch Mimik und Körpersprache anderer Rassen kennen lernen. Nur so können sie lernen, **sozial kompetent** miteinander umzugehen.

Nicht nur zwischen Hunden, auch zwischen Hunden und Menschen, Angehörigen zweier verschiedener Arten, gibt es viel Raum für Missverständnisse. Diese können am besten vermieden werden, wenn Hunden keine menschlichen Motive unterstellt und sie nicht vermenschlicht werden.

Der Weg zur Verständigung mit Hunden ist die Körpersprache. Sie ist Hunden angeboren. Bei der Erziehung bieten daher Körper- und Zeichensprache den leichtesten Zugang. Hunde lernen Worte, wenn man oft und lange genug mit ihnen übt, haben aber für Sprache kein Verständnis. Körpersprache dagegen lesen sie perfekt, ihr Mensch ist für sie wie ein offenes Buch.

Aggression

Aggressives Verhalten besteht aus Drohverhalten (aggressive Kommunikation) und Angriff. Aggressives Verhalten hat den Zweck, eine Bedrohung, einen Konkurrenten oder einen Feind auf Distanz zu halten oder zum Rückzug zu bewegen. Die für das Leben erforderlichen Ressourcen wie Futter, Territorium, Partner, geeignete Lagerplätze und vieles mehr müssen auf diese Weise erworben und gegen Konkurrenten und/oder Feinde verteidigt werden. Aggressives Verhalten ist

Die angelegten Ohren, der abgewendete Blick und das kurze Lecken der Oberlippe signalisieren Unsicherheit (Beschwichtigungsgeste).

nötig, damit ein Tier überleben kann, es ist angeboren und natürlich. Jeder Hund besitzt die Fähigkeit sich aggressiv zu verhalten – Aggression gehört zum artspezifischen Verhaltensrepertoire des Hundes.

Aggressives Verhalten ist abhängig von:

1. den angeborenen Eigenschaften,
2. den Erfahrungen während der ersten Lebenswochen (Sozialisation + Habituation) sowie den täglichen Erfahrungen im späteren Leben (zufällige Erfahrungen + Erziehung),
3. dem körperlichen Zustand,
4. der speziellen Situation, in der es zu aggressivem Verhalten kommt.

Angeborene Eigenschaften

Die Reizschwelle für Angst kann über die Zucht (Selektion) erhöht oder erniedrigt werden. Bei einer **erniedrigten Reizschwelle** wird Angst und damit aggressives Verhalten leichter ausgelöst. In jeder Rasse existieren Familien/Linien mit einer solchen niedrigeren Reizschwelle.

Beide Hunde sind sich in dieser Situation nicht sicher. Menschliches Eingreifen in dieser Situation könnte die Sache verschlimmern.

Erfahrungen

Durch **Lernen** wird das Verhalten eines Hundes beeinflusst. Die Grundlagen werden während der wichtigen ersten Lebenswochen gelegt, dann formen die täglichen Erfahrungen das Verhalten weiter.

Natürlich gilt das eben Gesagte auch für die Entwicklung von aggressivem Verhalten.

Grundsätzlich entwickelt sich Verhalten anhand seiner Folgen. Sind diese positiv, wird ein Verhalten stärker und es tritt öfter auf.

Ein Hund, der mit aggressivem Verhalten das erreicht, was er möchte, wird dieses Verhalten wieder einsetzen.

Aggressives Verhalten soll die Entfernung zu einem Gegner oder einer Bedrohung aufrechterhalten oder vergrößern oder den Gegner/Konkurrenten oder die Bedrohung ausschalten.

Bei Aggressionsverhalten wirkt als Erfolg für den drohenden Hund,
- wenn er behalten darf, was immer ihm in diesem Moment wichtig ist;
- wenn der andere Hund/Mensch zurückweicht;
- wenn der Besitzer versucht, ihn zu beruhigen, denn dies wird vom Hund als angenehm empfunden.

Negative Folgen vermindern Häufigkeit und Stärke eines Verhaltens. Negative Folgen sind Strafen oder kein Erfolg, das heißt, das Verhalten hat sich nicht gelohnt.

Wenn die Regeln, die für das Lernen erforderlich sind, nicht eingehalten werden, dann ist für den Hund nicht eindeutig klar, welches Verhalten genau die Strafe nach sich gezogen hat. So sind nicht beabsichtigte, unerwünschte Verknüpfungen (Assoziationen) jederzeit möglich. Die unklare Kommunikation zwischen Mensch und Hund belastet das Vertrauensverhältnis. Strafen steigern zudem zugrunde liegende Angst und damit die Reaktionsbereitschaft.

Strafen vermindern aggressives Verhalten meist leider nicht, sondern verstärken zugrunde liegende Angst und Unsicherheit eher und damit die Tendenz zu aggressivem Verhalten.

Häufig gelingt es dem Hundehalter, durch Strafen zu erreichen, dass sein Hund Drohsignale wie Knurren unterlässt. Das erscheint zunächst als Erfolg, aber dieser Hund zeigt nicht mehr vorher an, wie er sich fühlt. Das Warnsignal dafür, dass ein solcher Hund bereit ist, sich zu verteidigen, fehlt. Ein Angriff kann dann ohne Vorankündigung stattfinden – für den Menschen völlig überraschend.

Körperlicher Zustand

Aggressives Verhalten wird nicht nur durch „normale" körperliche Gegebenheiten wie den hormonellen Zustand oder das Alter beeinflusst, sondern auch durch Erkrankungen. So können Schmerzen jeder Art ebenso wie Erkrankungen des Gehirns (Tollwut u. a.), hormonelle Störungen (Schilddrüse) oder andere Organerkrankungen mitverantwortlich für aggressives Verhalten sein.

Spezielle Situation

Letztendlich gibt die individuelle Situation den Ausschlag, ob sich der Hund aggressiv verhält.

In vielen Fällen führt das zufällige Zusammentreffen ungünstiger Voraussetzungen, eine Häufung einzelner Faktoren, zu einer Steigerung von Stress und löst das aggressive Verhalten aus (Kumulation).

Angst

Die Fähigkeit, Angst zu haben, ist keine erlernte Erwartung von etwas Schädlichem. Angst zu haben ist angeboren, wie zum Beispiel die Fähigkeit zu Gehen oder zu Hören, und dient dem Überleben. Wer keine Angst hat, überlebt nicht lange. In einer angsterregenden Situation könnte es unter Umständen tödlich sein, lange über mögliche Reaktionen nachzudenken. Daher sind die entsprechenden Verhaltensmuster angeboren und werden schnell und ohne Überlegung ausgeführt. Angeborene Angstauslöser sind beispielsweise Schmerz, Geräusche, ein Gebiet ohne Deckungsmöglichkeit oder Feinde. So ist Ratten etwa die Angst vor Katzengeruch angeboren. Zusätzlich können alle über die Sinne erfassbaren Reize bei entsprechenden negativen Erfahrungen zu **erlernten** Angstauslösern werden. Sogar eine einmalige, besonders starke, angsterregende Erfahrung kann zum Angstauslöser oder gar verallgemeinert werden. Allerdings hängt wiederum vom Einzeltier selbst ab, was es als stark angsterregend empfindet.

Die **angemessene** Benutzung des Angstsystems hängt folglich stark von Lernen und Erfahrungen ab. Hauptursache für Unsicherheit und Ängstlichkeit bei Hunden beruht meist auf zu wenig Erfahrung während der ersten Lebenswochen. Ein **angeborenes** Übermaß dieses „Angstsystems" führt zu allgemeiner Ängstlichkeit und Unsicherheit.

Bei Angst kann man
- **erstarren** (die Bedrohung ist weit weg oder unausweichlich) und hoffen, dass die Gefahr vorübergeht;
- **Beschwichtigungsgesten zeigen,** um den „Gegner" zu besänftigen;
- **flüchten** (die Bedrohung ist nahe, kann aber vermieden werden);

- **drohen**, um den Gegner einzuschüchtern;
- **angreifen**, um so die Bedrohung zu vertreiben oder zu beseitigen.

In Angstsituationen bereitet der Körper sich blitzschnell vor. Wenn nötig, wird Ballast abgeworfen („es geht in die Hose"). Für die möglicherweise erforderliche Leistung wie Flucht oder Kampfverhalten wird leicht verfügbare Energie bereitgestellt. Dazu setzt die Nebenniere Stoffe frei, die Atem- und Pulsfrequenz sowie Blutdruck, Blutzuckerspiegel und Schweißsekretion steigern (Adrenalin und Noradrenalin). Die Pupillen erweitern sich, Muskelspannung und Aufmerksamkeit sind erhöht. Die Funktion der Keimdrüsen und die Schmerzempfindung werden vermindert. Diese Reaktionen sind kurzfristig sinnvoll, schaden aber, falls sie länger anhalten.

Angst und die dadurch hervorgerufenen Reaktionen dienen dem Schutz des Lebens – sie sind biologisch sinnvoll. Ein Hund, der Angst hat, kann weglaufen. Wenn das nicht geht, kann er sich aggressiv gebärden (aggressives Display), das heißt, er kann eine drohende Körperhaltung einnehmen, bellen, knurren und drohschnappen. Vielleicht geht dann das, was ihm Angst macht, weg. Ausgeführt wird diejenige Verhaltensweise, die den meisten Erfolg verspricht. Das wiederum richtet

Aufmerksames Warten auf weitere Aktivitäten.

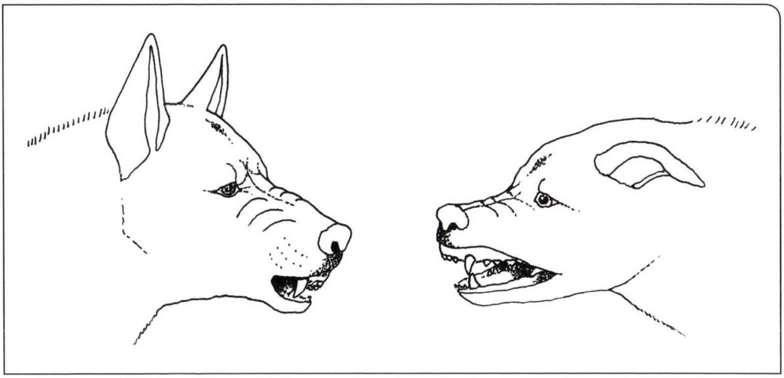

Links: ein sicheres Drohen; rechts: ein unsicheres Drohen.

sich nach den angeborenen Eigenschaften und den bisherigen Erfahrungen des einzelnen Hundes sowie der speziellen Situation. Diese Verhaltensweisen, also Flucht und Angriff, bezeichnet man als agonistisches Verhalten. Das aggressive Display wird meist erst eingesetzt, wenn Verhaltensweisen wie Demut oder Flucht nicht ausreichen oder nicht möglich sind.

Ein überwiegender Teil aggressiver Reaktionen bei Hunden beruht nicht darauf, dass der Hund „dominant" ist, sondern auf Angst und Unsicherheit. Je ängstlicher und unsicherer ein Hund ist, desto schneller fühlt er sich bedroht und desto eher wird bei ihm aggressives Verhalten ausgelöst, vor allem bei Angst vor Schmerz oder körperlichem Schaden. Auch bei der Verteidigung von Dingen, die der Hund behalten möchte (Futter, Gegenstände) kommt es eher zu Aggression, wenn sich der Hund bedroht fühlt (meist durch den Halter).

Angst wird stark vom Lernen beeinflusst. Da Zuwendung generell verstärkend wirkt, bewirkt leider ganz normales menschliches Verhalten wie Trösten oder Beruhigungsversuche eine Verstärkung der Angst.

Ein Tier, dem man ansieht, dass es Angst hat – es zittert, versucht, sich zurückzuziehen oder zeigt Verteidigungsbereitschaft – sollte daher in keinem Fall getröstet oder beruhigt werden.

Allerdings führt bei Verteidigungsbereitschaft – d.h. der Hund knurrt bei Angst oder zeigt sogar die Zähne – Tadeln oder Bestrafen ebenfalls zu einer Verstärkung der Angst und verbessert das Verhalten daher nicht. Die beste Lösung wäre, sich selbst ruhig und möglichst wie gewohnt zu verhalten und dadurch dem ängstlichen Hund Sicherheit zu vermitteln.

Welpenkauf und Aufzucht

Ein Hund kann jede Menge Spaß und neue Bekanntschaften bringen. Wenn er erst einmal da ist, möchte er auch für die nächsten zehn bis fünfzehn Jahre (manchmal sogar länger) bleiben. Aber – ein Hund bringt außer viel Freude auch Schmutz, Hundehaare und seinen Geruch mit ins neue Heim. Weiterhin sind vielerlei **Geldausgaben** einzuplanen. Den Kaufpreis kann man als einmalige Ausgabe sehr gut abschätzen. Die laufenden Kosten für Hundefutter, Haftpflichtversicherung, Steuer, Impfungen, Welpenspielgruppe, Erziehungskurse und je nach Fell der Besuch beim Hundefrisör gehören zum Leben mit einem Hund dazu. Gesundheitliche Probleme erfordern zudem kostenträchtige Besuche beim Tierarzt.

Der wichtigste Punkt für ein glückliches Zusammenleben aus der Sicht des Hundes ist die **Zeit,** die Sie für ihn aufwenden. Ein Hund möchte sich draußen austoben, Kontakte mit Artgenossen, seine Streicheleinheiten und – häufig unterschätzt – eine **Beschäftigung** haben. Das muss kein ursprünglicher Gebrauch wie zum Beispiel das Hüten einer Schafherde sein, aber es muss etwas sein, wobei er sein Gehirn anstrengen muss. Ob man dem Hund immer wieder neue Kunststücke beibringt, Agility oder sonst irgend etwas mit ihm macht, ist gleichgültig. Hauptsache, es macht Spaß und entspricht beiden, Hund und Mensch.

Was Hunde als Rudeltiere nicht sehr schätzen, ist das Alleinbleiben. Wenn Sie ganztägig berufstätig und Hundeliebhaber sind, verzichten Sie dem Hund zuliebe lieber auf einen eigenen. Nehmen Sie in Ihrem Urlaub einen Hund in Pflege oder suchen Sie sich einen Gassi-Geh-Hund aus der Nachbarschaft oder aus dem Tierheim. Dadurch kommen Sie selbst zu einem Hundekumpel und bieten ihm gleichzeitig zusätzlichen Spaß oder schöne Ferien.

Die „Kinderzeit" des Welpen

Die Entscheidung ist nach reiflicher Überlegung gefallen – Sie möchten einen Welpen erwerben. Dabei sollten Sie vor allem auf eine gute Kinderstube achten. Zur Welpenaufzucht gehört viel Aufwand, wenn man sie verantwortungsbewusst betreibt. Welpen, die bei profitorientierten Hundeproduzenten aufgewachsen sind, haben meistens viel zu wenig oder gar schlechte Erfahrungen gemacht. Mit diesen Versäumnissen und Schäden entlassen diese Hundezüchter die Tiere in die Obhut ihrer neuen Besitzer. Sie spekulieren auf die magische Anziehungskraft eines Welpen und auf das Mitleid mit dem jungen Tier. Sind genügend Käufer gefunden, wird gleich die nächste Runde Welpen produziert.

Wenn Sie einen solchen Hund kaufen, verursachen oder unterstützen Sie indirekt die schlechten **Aufzuchtbedingungen** für weitere Welpen!

Aber auch bemühte Züchter können unwissentlich schlecht sozialisierte Welpen abgeben und zwar, wenn sie die Welpen sehr ruhig und abgeschirmt aufwachsen lassen. Ein Großteil der **Sozialisationsphase**, auf deren Bedeutung später eingegangen wird, wird dann kaum genutzt und ist verstrichen, wenn der Welpe zum neuen Besitzer geht.

Liebevoll aufgezogene Welpen sind gut gepflegt, Besuchern gegenüber neugierig und aufgeschlossen und lassen sich problemlos anfassen. Ein Anschluss an die Züchterfamilie, die hoffentlich viel Besuch empfängt, sollte selbstverständlich sein. Sie sollten sich immer die Mutterhündin ansehen und in diesem Punkt keine Ausreden gelten lassen. Wenn man die Hündin nicht kennen lernen kann, stimmt irgend etwas nicht. Die **Mutterhündin** selbst sollte auf Menschen freundlich zugehen. Das ist wichtig, denn die Welpen können von ihr eine Tendenz zur Ängstlichkeit übernehmen oder schon früh problematisches Verhalten lernen. Die **Trennung** von seiner Familie ist für jeden Welpen ein großer Schock. Bleiben schon erwachsene Hunde naturgemäß nicht gerne allein, sollte ein Welpe im neuen Heim besonders sorgfältig und langsam an das Alleinebleiben gewöhnt werden. Ein Welpe wäre einzeln nicht überlebensfähig, so dass er Todesängste ausstehen kann, wenn er alleine gelassen wird. Gerade in der ersten Zeit muss sichergestellt sein, dass immer jemand da ist oder dass man ihn mitnehmen kann. Sie sollten ihn nur zur Übung minutenweise allein lassen. Am besten dann, wenn ihm sowieso gerade nach einem Schläfchen zumute ist oder er sich mit einem Kauspielzeug beschäftigt. Wenn Sie dann auch wieder da sind, bevor der Welpe Sie vermisst, ist Ihnen eine perfekte Übung für das Alleinlassen gelungen! Im weiteren Verlauf dehnt man die Zeitspanne des Alleinseins immer weiter aus.

Achten Sie darauf, dass Ihr junger Hund so untergebracht ist, dass er nur für ihn bestimmtes Hundespielzeug und Kauknochen erreichen kann.

Wenn er erst auf die Idee gekommen ist, dass sich Teppichfransen prima zum Zerrupfen eignen, ist es viel schwieriger, ihm dieses Hobby wieder abzugewöhnen.

Im neuen Heim

Ab der ersten Minute im neuen Heim sollte sich der frisch gebackene Hundebesitzer in einen hartnäckigen Spion verwandeln. Jegliches Missgeschick in Form einer Pfütze oder eines Häufchens muss vermieden werden. Sobald sich der Welpe anschickt, ein geeignetes Plätzchen für sein Geschäft zu suchen, nimmt man den kleinen Hund ruhig und souverän hoch und bringt ihn so schnell wie möglich nach draußen. Wenn er sein Geschäft am rechten Fleck erledigt hat – für ihn schon ein Meisterwerk –, verdient er dann ein besonderes Lob oder Leckerchen! Genießen Sie selbst dabei für Ihre perfekte Erziehungleistung in solchen Momenten ein paar Minuten in der Sonne.

Dieses Kind weiß, dass es sofort den Kontakt mit den Welpen abbrechen soll, wenn diese ihre Zähne zu unsanft gebrauchen. So lernen die Welpen eine gute Beißhemmung im Umgang mit den Menschen.

Als Grundregel gilt: Nach dem Fressen, nach dem Schlafen, nach dem Spielen und etwa alle zwei bis drei Stunden sollte man mit einem Welpen nach draußen gehen, damit er dort die Möglichkeit bekommt, sein Geschäft zu erledigen.

Dieser ganze Aufwand lohnt sich, weil Ihr Welpe so am zuverlässigsten und schnellsten stubenrein wird. Nichts ist ärgerlicher als ein Hund, der nicht verlässlich stubenrein ist, weil er sich als Welpe zu oft in der Wohnung entleeren konnte. Bestrafen eines Missgeschicks kann einerseits dazu führen, dass der Welpe versucht, sein Geschäft unbeobachtet zu erledigen, was den weiteren Trainingsverlauf erschwert. Er hat nämlich gelernt, dass es unangenehme Folgen hat, wenn er dabei beobachtet wird. Andererseits bringt es nicht den gewünschten Lernerfolg, weil der Welpe die Erleichterung bereits erlebt hat, die er beim Erledigen seines unvermeidlichen Bedürfnisses gespürt hat. Wie soll man dem Welpen dann begreiflich machen, dass der Ort falsch war, an dem er diese Erleichterung erfahren hat?

Sozialisation

Im Leben eines Hundes sind die ersten 12 bis maximal 16 Wochen am entscheidendsten: Der Welpe wird in die-

Welpensozialisation und Impfschutz

	Geburt bis 3. Woche	3 Wochen	ab 8 Wochen
Sozialisation und Habituation	Die Welpen sind bei der Mutter und den Geschwistern, sollten aber schon ganz früh menschliche Gerüche (sowohl männliche als auch weibliche) kennen lernen. Der Züchter sollte Handling-Übungen mit den Welpen machen: sie häufig sanft anfassen, für einen Moment hochheben und streicheln.	Die Welpen sollten jetzt eine Fülle von interessanten, aber nicht bedrohlichen Umweltreizen kennen lernen. Der Züchter sollte die Welpen schon Haushaltsgeräuschen wie Waschmaschine, Staubsauger, Fernsehen usw. aussetzen. Außerdem sollten sie nun in das normale häusliche Umfeld eingeführt werden. Viele Übungen mit Körperkontakt sind wichtig. Es ist die richtige Zeit, mit angenehmen Körperpflegemaßnahmen zu beginnen und zum Beispiel auch tierärztliche Untersuchungen durchzuspielen.	Häufig wechselt der Welpe nun zu seinem neuen Besitzer. Er sollte im neuen Zuhause alle Familienmitglieder kennen lernen (Männer, Frauen, Kinder, Babys, andere Heimtiere). Gewöhnen Sie ihn an Autofahrten. Bieten Sie Kontakte zu Briefträgern, Müllmännern und zu möglichst unterschiedlichen Besuchern. Beginnen Sie, den Welpen ans Alleinsein zu gewöhnen (siehe S. 24). Machen Sie häufig folgende Übungen: Geben Sie, während der Welpe frisst, eine kleine Menge besonders schmackhaftes Futter zusätzlich in seinen Napf. Der Welpe sollte nun vielen neuen Situationen ausgesetzt werden, die aber mit wenig gesundheitlichen Risiken verbunden sein sollten.
			Empfindliche
Immunstatus	**Mütterliche Antikörper**	**6 Wochen** mögliche Erstimpfung gegen Staupe, Hepatitis canis, Parvovirose	**8 Wochen** Imfpung gegen Staupe, Hepatitis canis, Parvovirose, Leptospirose

9 Wochen	12 Wochen	16 Wochen
Beginnen Sie, den Welpen mit stärkeren Reizen (Straßenlärm, Menschenansammlungen, Kinderspielplätze) vertraut zu machen. Fangen Sie mit dem Training zur Leinenführigkeit an. Es ist die beste Zeit für die Teilnahme an einer Welpenspielgruppe. Sorgen Sie für viele Kontakte mit freundlichen und erzogenen Hunden. Andere könnten dem Welpen Angst einflößen oder ihm schlechte Angewohnheiten beibringen. Eine gute Wahl kann die Übernahme mit 9–9,5 Wochen sein und der Start in eine Welpengruppe oder für Treffen mit einzelnen Welpen mit 10 Wochen.	Stellen Sie sicher, dass der Welpe immer mehr Erfahrungen (mit anderen Hunden, anderen Menschen, fremden Tierarten, verschiedenen unbelebten Umweltreizen) sammeln kann. Wichtig ist dabei, dass der Welpe die Reize zunehmend entspannt wahrnimmt und positiv verknüpft. Achten Sie auf genügend Erholungsphasen, sodass Ihr Welpe nicht überfordert wird. Besonders gut ist es, wenn Ihr Welpe bereits einen guten Spielkumpel und auch eine/n sozialkompetente/n Hundeonkel oder -tante für regelmäßige Einzeltreffen hat. Vertraute Kontakte fördern die soziale Sicherheit Ihres Hundes.	Was der Welpe gelernt hat, wird er wieder vergessen, wenn Sie nicht weiterhin mit ihm üben. Üben Sie deshalb kontinuierlich bis zum Erreichen der sozialen Reife. Diese setzt mit großen Rasseunterschieden mit ca. 1,5–3 Jahren wesentlich später ein als die Geschlechtsreife.
Phase	**Weitere Entwicklung**	
	12 Wochen Impfung gegen Leptospirose, Staupe, Hepatitis canis, Parvovirose, Tollwut	**16 Wochen** Impfung gegen (Leptospirose), Tollwut
	Aktive Immunität	

Umgang miteinander muss erlernt werden. Viele Kontakte mit gut sozialisierten Hunden sind hierfür wichtig.

ser so genannten Sozialisationsphase auf das zukünftige Leben in der großen weiten Welt vorbereitet. Sie muss bereits beim Züchter genutzt werden, indem er die Welpen mit verschiedenen Reizen, wie z. B. lauten Geräuschen innerhalb ihrer gewohnten Umgebung ebenso bekannt macht wie mit verschiedenen Menschen. Alles was er in dieser Zeit **positiv** kennen lernt oder kennen gelernt hat, kann ihn später nicht so schnell erschüttern. Weil die Anforderungen an das Raubtier Hund besonders im Zusammenleben mit Menschen sehr hoch sind, erfordert seine Vorbereitung darauf auch besondere Sorgfalt.

Ein kleiner Hund sollte alles kennen lernen, was die Welt der Menschen mit sich bringt: Straßen, Autos, Züge, flatternde Planen, laute Geräusche genauso wie andere Hunde und Menschen beiderlei Geschlechts, aller Altersstufen, Hautfarben und körperlicher Eigenheiten oder Behinderungen. Je mehr verschiedene Eindrücke der Hund bekommt, desto besser. Besonderes Augenmerk sollte dabei natürlich auf Kinder gerichtet werden. Für einen Hund gilt nicht: Kind von 0 bis 12 Jahren, dann Jugendlicher bis 18 Jahre und dann Erwachsener. Für einen Hund ist ein Krabbelkind etwas völlig anderes als ein Erstklässler. Lassen Sie Ihren Hund möglichst viele angenehme Erfahrungen mit Menschen vom Baby bis zum Teenager machen. Dabei richtet es sich nach Ihrem Welpen, was eine angenehme Erfahrung ist. Es kann Spiel, ein Leckerchen oder eine Streicheleinheit sein. Beobachten Sie Ihren Hund, ob er entspannt und begeistert ist, damit Sie eingreifen können, bevor ihm die Situation unangenehm wird.

Sehr sorgfältig sollten Sie mit Ihrem Hund den Umgang mit menschlicher Haut üben, denn Menschen sind viel empfindlicher als Hunde. Eine funktionierende Beißhemmung ist nicht angeboren, sondern muss erlernt werden. Dies geschieht im gemeinsamen Spiel. Immer, wenn Ihr Hund beim Spielen nicht wirklich zartfühlend mit Ihnen umgeht, brechen Sie das Spiel abrupt ab. Erst nach einer „Auszeit" geht es weiter. So kann Ihr Hund lernen, auch bei großer Aufregung vorsichtig zu sein. Darüber hinaus muss Ihr Welpe auch im Umgang mit anderen Hunden die Beißhemmung und den restlichen guten Hundebenimm erlernen. Und das wiederum kann er nur, wenn er viel Kontakt mit Artgenossen hat.

Besonders wichtig sind häufige Treffen und Spielmöglichkeiten mit gleichaltrigen Hunden verschiedener Rassen und Größen.

So lernt ein Welpe die **Beißhemmung:** Beißt ein Welpe seinen Spielkumpel zu fest, beißt dieser zurück und beendet das Spiel. „Du bist doof, du hast mir weh getan, mit dir spiele ich nicht mehr." Das nächste Mal wird der Welpe mit Sicherheit vorsichtiger sein.

Der richtige Einsatz aggressiver Verhaltensweisen muss also vom Welpen gelernt werden und dient zur Vermeidung ernsthafter Verletzungen bei Meinungsverschiedenheiten mit anderen Hunden. Man sollte zwei Welpen also unbedingt ungestört ihre Streitigkeiten untereinander austragen lassen, sofern sie einander gewachsen sind.

Im Umgang mit erwachsenen Hunden lernt der Welpe besondere Rücksichtnahme auf die Wünsche seiner Artgenossen. Es gibt Hunde, die zeitweise nicht von einem spielwütigen Welpen belästigt werden oder überhaupt nichts mit Welpen zu tun haben möchten. Falls der Welpe auf Vorwarnungen, die man als Mensch häufig nicht wahrnimmt, nicht dem guten Hundebenimm entsprechend reagiert, kann er durchaus von dem Althund zurechtgewiesen werden. Das ist ein völlig normales Verhalten. Am lehrreichsten für den kleinen Hund ist ein abgestuftes Vorgehen des Althundes. Also wenn der Althund zunächst versucht, sich den nötigen Respekt über Anknurren oder „Anbrüllen" zu verschaffen. Erst bei hartnäckiger Aufdringlichkeit sollten körperliche Maßregelungen wie ein kurzes Niederdrücken erfolgen. Stürzt sich jedoch der Althund bereits von Ferne auf den Welpen, um ihn zu verhauen, ist das für den Welpen ein schlechtes Erlebnis. Vermeiden Sie nach Möglichkeit solche Kontakte.

Den sogenannten Welpenschutz als Bescheinigung für Narrenfreiheit gibt es nicht. Welpen werden von erwachsenen Hunden ihrem Sozialverhalten entsprechend behandelt. Ein Welpe kann erwachsene Hunde durch sein unterwürfiges Verhalten, gegebenenfalls mit gebührendem Abstandhalten, milde stimmen.

Kommt es zu einer körperlichen Maßregelung des Welpen, muss der Welpe lernen, dass nur ruhiges unterwürfiges Verhalten seinerseits die Situation beendet. Falls der Welpe schreiend wegrennt, dürfen Sie ihn keinesfalls trösten. Der Welpe würde nur lernen, dass sein Besitzer ihn für sein unangemessenes Verhalten belohnt. Allerdings muss sichergestellt sein, dass ein Welpe hochgradig unangenehmen Einwirkungen durch andere Hunde nicht ausgesetzt wird. Dazu sollte vorzugsweise der „Grobian" entfernt werden, damit das „Opfer" nicht unbeabsichtigt für ängstliches Verhalten belohnt wird.

Lässt man seinen jungen Hund aus Vorsicht nur an sehr gutmütige erwachsene Hunde heran, die alles mit sich machen lassen, lernt der Welpe, dass andere Hunde nur zu seinem eigenen Vergnügen da sind. Nicht selten entstehen aus solchen Welpen schlimme Raufer. Der Großteil der Hundekontakte sollte allerdings positiv von Ihrem Hund erlebt werden, damit er genügend Sicherheit bei Sozialkontakten gewinnen kann. Letztendlich führt ein gut erlerntes Sozialverhalten zu angenehmen Spaziergängen und bewahrt einen vor täglichen Spießrutenläufen um andere Hunde herum.

Geben Sie Ihrem Hund die Möglichkeit, die Feinheiten im Umgang mit anderen Hunden zu erlernen, auch wenn es einmal sehr heftig wird. Die Voraussetzung ist natürlich, dass der andere Hund ausreichend gutes Sozialverhalten und eine funktionierende Beißhemmung besitzt.

Optimale Unterstützung in der Aufzucht Ihres Welpen finden Sie in einer gut geführten **Welpenspielgruppe.** Die Teilnahme bringt nicht nur allen zwei- und vierbeinigen Teilnehmern Spaß, sondern ist eine wichtige Grundlage dafür, dass der Hund gesund aufwächst. In einer gut geführten Welpenspielgruppe sollte ein Trainer für ca. fünf bis sechs Welpen zur Verfügung stehen. Auseinandersetzungen untereinander sollten die Welpen ungestört austragen können und sie sollten an verschiedene Umweltreize herangeführt werden. Kontakte mit Menschen sollten aktiv durch angenehme Erfahrungen gefördert werden und die Welpen sollten lernen, Körperpflegemaßnahmen zu akzeptieren. Nebenbei sollte eine Einweisung in die Erziehung Ihres Welpen über positive Bestärkung erfolgen. Früh gelernt ist halb gewonnen. Dies bedeutet aber nicht, dass in der Gruppe ein Gehorsamsdrill für das Welpenformat durchgeführt werden sollte.

Was hat aber nun die Welpenspielgruppe mit der Gesundheit Ihres Hundes zu tun?

Durch die vielen Eindrücke kann sich das Gehirn des jungen Hundes besonders gut entwickeln. Je mehr Reize der Welpe kennen lernt, desto mehr Verknüpfungen der Nervenbahnen werden in seinem Gehirn angelegt. Bekommt ein Welpe zu wenig Reize geboten, führt dies zu Entwicklungsschäden. Solche Hunde haben ihr ganzes Leben lang größere Schwierigkeiten, mit ihrer Umwelt zurechtzukommen. Dadurch stehen sie sehr schnell unter Stress, was wiederum auf Dauer zu gesundheitlichen Problemen führt.

Mangelhaft sozialisierte Welpen entwickeln ein schlechteres Immunsystem als gut sozialisierte. Dadurch sind die betroffenen Hunde ihr Leben lang anfälliger für Erkrankungen. Natürlich können in einer Welpengruppe auch Krankheiten übertragen werden. Aber während eine Infektionskrankheit nur eine Möglichkeit ist, sind Verhaltensprobleme mit Sicherheit programmiert, wenn die Sozialisation nicht ausreichend ist.

Lassen Sie bei Ihrem Welpen die Sozialisationsphase nicht ungenutzt verstreichen, indem Sie ihn von anderen Hunden oder einer Welpenspielgruppe fernhalten, auch wenn er vom Alter her noch nicht einen voll wirksamen Impfschutz gegen die wichtigsten Infektionskrankheiten besitzt!

Die Anzahl von Hunden, die wegen Verhaltensproblemen eingeschläfert werden, übersteigt weit die Zahl derer, die in jugendlichem Alter an Infektionskrankheiten sterben. Ein mangelhaft sozialisierter Hund erschwert sich und seinem Menschen das Leben.

Fast alle gefährlichen Hunde haben eine ungenügend genutzte Sozialisationsphase als Vorgeschichte.

Wenn das Ende der Sozialisationsphase in Sicht ist und Sie alle Punkte beachtet haben, können Sie sich dann entspannt zurücklehnen? Leider nicht – alles Erreichte muss weiterhin geübt werden, um nicht wieder in Vergessenheit zu geraten. Trotzdem können Sie jetzt wirklich stolz darauf sein, Ihrem Hund die besten Voraussetzungen für ein hunde- und menschengerechtes Leben gegeben zu haben!

Lernverhalten beim Hund

Der biologische Erfolg, zu überleben und sich fortzupflanzen, hängt davon ab, was ein Lebewesen in einer bestimmten Situation unternimmt. Manche Verhaltensweisen sind angeboren und damit vorgegeben, es besteht hier keine Wahlmöglichkeit. Die Anpassungsfähigkeit des einzelnen Tieres an die unterschiedlichsten Gegebenheiten ist jedoch umso größer, je weniger feste Verhaltensmuster angeboren sind. Durch Lernen kann ein Lebewesen seine Verhaltensweisen an die verschiedensten Situationen anpassen. Wer anpassungsfähig ist, ist im Leben bzw. im Überleben erfolgreicher.

Wie lernen Hunde?

Hunde, ebenso wie Menschen, sind außerordentlich anpassungsfähig. Viele Verhaltensformen sind ihnen nicht angeboren, statt dessen aber die Fähigkeit, das Erforderliche zu lernen. Hunde lernen wie wir aus ihren Erfahrungen: aus allem, was um sie herum und mit ihnen geschieht, jeden einzelnen wachen Augenblick. Sie sammeln Erfahrungen aus ihren Erlebnissen und nutzen sie in der Zukunft.

Was immer jemand tut – auch ein Hund – tut er, weil er einen Beweggrund dafür hat, weil er dazu motiviert ist. Er trinkt, weil er Durst hat, frisst, weil er Hunger hat, er befriedigt Bedürfnisse, seien sie körperlicher oder sozialer Natur. Angenehme Folgen wirken motivierend, ein Verhalten zu wiederholen: Das Futter hat gut geschmeckt – also kann man es wieder fressen. Diese Wirkung bezeichnet man als **positive Verstärkung.**

Je nachdem, ob Erfahrungen angenehm oder unangenehm sind, kann in Zukunft ein Weg gewählt werden, angenehme Erfahrungen zu wiederholen und/oder unangenehme zu vermeiden. Damit Hunde sich angemessen verhalten können, müssen sie die Gelegenheit haben, diese Erfahrungen überhaupt zu machen, umso das Richtige zu lernen.

Hunde können nur das lernen, wozu sie – biologisch gesehen – fähig sind. Wie schon erwähnt, verstehen und lernen Hunde über Körpersprache viel leichter und besser als über Sprache.

Hunde lernen stark assoziativ. Hunde verknüpft beim Erlernen eines Verhaltens dieses Verhalten zunächst mit der gesamten Situation: der Umgebung, dem Ort, Personen, Kleidung, Körperhaltung des Trainers, Gerüchen und vielen anderen Wahrnehmungen. Die Sprache steht nicht an erster Stelle.

Hunde können nicht gut und nur sehr langsam verallgemeinern. Verhaltensweisen wie „Sitz“ und „Platz“ auf Kommando müssen ganz präzise je nach Schwierigkeit zwischen 2000 bis 6000 Mal unter verschiedenen Bedin-

Solche trainierten Verhaltensweisen beruhen auf komplexen Lernvorgängen.

gungen und an verschiedenen Stellen geübt werden, bevor sie „verallgemeinert" und damit überall einigermaßen zuverlässig ausgeführt werden.

Schnell verallgemeinert werden allerdings mit Angst und Schreck verbundene Erfahrungen, weil Angst ein lebenswichtiger Schutzmechanismus ist. Daher kann zum Beispiel ein Hund, der Angst vor großen Männern hat, leicht Angst vor Männern im Allgemeinen entwickeln und dann entsprechend reagieren.

Die **individuelle Lernfähigkeit** des einzelnen Tieres hängt von verschiedenen Faktoren ab: es spielen das Alter, die Entwicklungsstufe und besondere Fähigkeiten der Rasse eine Rolle. Je mehr diese Punkte bei der Erziehung berücksichtigt werden, desto artgemäßer ist die Hundeerziehung.

Als angemessene Erziehung könnte man bezeichnen, wenn ein Hund ausreichend auf die möglichen späteren speziellen Anforderungen, die an ihn gestellt werden, vorbereitet wird. Dazu muss man ihn das lehren und mit ihm üben, was er in seinem späteren Leben in der menschlichen Gesellschaft beherrschen muss, zum Beispiel: mit Kindern zu leben.

Grundsätzlich sollte man von einem Hund nur das erwarten, was man ihn gelehrt und mit ihm geübt hat.

Grundlagen des Lernens

Die Fähigkeit zu Lernen ist angeboren. Sie beruht auf der Funktion von Sinnesorganen, Nerven und Gehirn. Lernen ist damit ein biologischer Vorgang, der bestimmten Regeln folgt. Eine Lunge kann nur funktionieren, wenn Sauerstoff in der richtigen Form und Konzentration vorliegt. Genauso erfolgt Lernen nur, wenn das, was gelernt werden soll, in der richtigen Form angeboten wird. Wenn tatsächlich Lernen stattgefunden hat, sind diese Regeln befolgt worden – beabsichtigt oder unbeabsichtigt, bewusst oder unbewusst. Regel Nummer 1 beim Lernen: Dinge, die **in unmittelbarem zeitlichem Zusammenhang** stattfinden, werden miteinander verknüpft, „assoziiert". Man unterscheidet zwischen der **klassischen** und der **instrumentellen** Konditionierung.

Klassische Konditionierung

Zwei Ereignisse, die kurz aufeinander folgen, werden miteinander verknüpft (assoziiert). Sie bewirken ab dann regelmäßig eine Reaktion (ein Verhalten), auf die das betreffende Lebewesen keinen **bewussten** Einfluss hat. Ein entsprechend verknüpfter Geruch oder eine Melodie bewirken freudiges Herzklopfen. Faktoren, die mit einem intensiven Angsterlebnis verknüpft sind, lösen automatisch wieder Angstreaktionen, z. B. Atembeklemmung oder Abwehrverhalten aus.

Instrumentelle/operante Konditionierung

Das betreffende Lebewesen kann sich **bewusst** für ein Verhalten entscheiden: Verhalten, das sich gelohnt hat, wird in Zukunft öfter, Verhalten mit unerwünschten/unangenehmen Folgen weniger oft gezeigt werden.

Timing

Eine Verknüpfung findet statt, wenn der zeitliche Abstand zwischen den Ereignissen stimmt.

Belohnungen

Angenehme, positive Folgen (Belohnungen) müssen **unmittelbar** im Anschluss an das erwünschte Verhalten stattfinden. Je besser man einen Hund kennt, desto genauer weiß man, was ihn in diesem Moment am meisten freuen würde. Das kann sich natürlich von einem Augenblick auf den anderen ändern.

Es gibt viele Möglichkeiten, einen Hund zu belohnen. Futter bietet sich an, weil es lebensnotwendig ist. Aber man muss genau zwischen Belohnung und Bestechung unterscheiden. Eine Bestechung erfolgt vorher, eine Belohnung – wie eine Bezahlung – hinterher, im Austausch für ein erwünschtes Verhalten. Es schadet nicht, wenn Futter am Anfang **vorübergehend** als Lockmittel eingesetzt wird, vorausgesetzt, das wird so schnell wie möglich wieder geändert.

Richtig verabreichte Belohnungen führen dazu, dass der Hund auf seinen Menschen achtet, um jede Gelegenheit zu nutzen, eine Belohnung zu verdienen. Er lernt so, entsprechend zu reagieren und den Wünschen seines Menschen gern zu folgen, weil er mit seinem Verhalten Erfolg hat.

> Wenn etwas Neues gelernt oder eingeübt wird, sollte das erwünschte Verhalten jedes Mal belohnt werden. Ein schon erlerntes Verhalten wird durch unregelmäßige Belohnungen aufrecht erhalten und weiter verbessert.

> Strafen haben nur dann die beabsichtigte Wirkung, wenn die Regeln, unter denen Lernen möglich ist, eingehalten werden.
> 1. Eine Strafe muss im richtigen Zeitpunkt erfolgen **(Timing)**,
> 2. sie muss in der Stärke angemessen sein **(Intensität)**,
> 3. sie muss auf die jeweilige Tat bezogen zuverlässig immer angewandt werden **(Konsequenz)**,
> 4. sie muss sicher mit der Tat und nicht mit der strafenden Person oder anderen Dingen in Bezug gesetzt werden können **(Vertrauenserhalt)**.

Wenn diese Prinzipien nicht eingehalten werden (können), ist es für den

Hund nicht möglich, Verhalten und Folge zu verknüpfen. Der Hund kann nicht lernen, welches Verhalten denn nun unerwünscht ist. Leider können die Voraussetzungen, damit eine Strafe wirkt, im Alltag kaum erfüllt werden. Das führt zu Missverständnissen und macht es für den Hund sehr schwer, eine Verbindung zwischen seinem Verhalten und der Strafe herzustellen. Die Strafe erscheint dem Hund willkürlich und der strafende Mensch unprovoziert aggressiv. Dadurch wird das Vertrauensverhältnis zwischen Hund und Bezugsperson(en) beeinträchtigt. Bei körperlichen Strafen erfolgt darüber hinaus zwangsläufig eine Verknüpfung mit demjenigen, der dem Hund die Strafe zufügt, also meistens dem Halter.

Erziehungstechniken

Der Schlüssel zum Erfolg bei der Hundeerziehung liegt in der Fähigkeit, einen Hund zu motivieren, bestimmte erwünschte Dinge zu tun. Auch Hunde tun nichts „einfach so“.

Im Training werden oft Futter oder Spielzeug als starke Motivationsmittel und zur Belohnung eingesetzt.

Es gibt aber Situationen, in denen andere Motivationsmittel eine wesentlich größere Wirkung haben. Genau wie der Mensch lernen nämlich auch

Lob und Strafe: Die effektivsten und „nebenwirkungsfreiesten“ Methoden sind die positive Belohnung und die negative Strafe (siehe Beispiele im blauen Merkkasten rechts).

Positive Belohnung etwas Angenehmes wird hinzugefügt 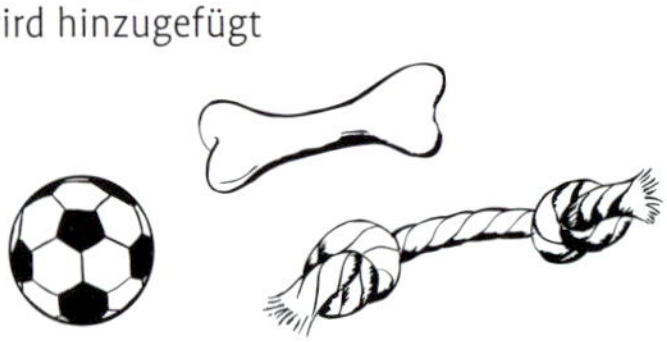	**Negative Belohnung** etwas Unangenehmes wird entfernt 
Positive Strafe etwas Unangenehmes wird hinzugefügt 	**Negative Strafe** etwas Angenehmes wird entzogen 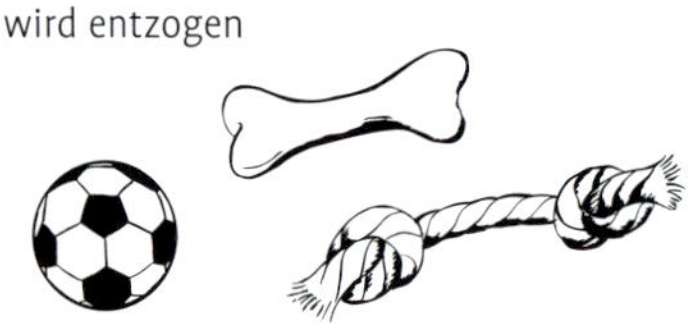

Hunde aus **Erfolgen und Misserfolgen.** Wenn mit einer Handlung ein persönlicher Erfolg verbucht werden kann, wird diese Handlung in Zukunft auch wieder gezeigt. Einen Erfolg erzielt zu haben, hat Motivationscharakter. Das Gegenteil gilt für Misserfolge.

Diese Tatsachen macht man sich schon seit jeher bei der Hundeerziehung zunutze. **Lob und Strafe** sind hierbei die „Spielbälle".

Für den Einsatz von Lob und Strafe hat man vier Möglichkeiten:

1. Das Hinzufügen von etwas Gutem. Es wird die Emotion FREUDE ausgelöst.
2. Das Wegnehmen von etwas Unangenehmem. Es wird die Emotion ERLEICHTERUNG ausgelöst.
3. Das Hinzufügen von etwas Unangenehmem. Es wird die Emotion ANGST (ggf. SCHMERZ) ausgelöst.
4. Das Wegnehmen von etwas Gutem. Es wird die Emotion FRUST ausgelöst.

Über Folgendes sollte man sich aber im Klaren sein: Für Hunde stellen unter Umständen andere Dinge einen Erfolg dar als für uns Menschen. Dies ist nicht selten die Ursache für Probleme in der Erziehung und auch für Missverständnisse in der Mensch-Hund-Beziehung.

Man kann Hunden durch enge zeitliche Kopplung mit einem zunächst neutralen Reiz wie beispielsweise dem Kommandowort eine reflexartig ablaufende und nicht bewusst steuerbare Handlung beibringen. Dies nennt man **klassische Konditionierung.** Ein praktisches Beispiel wäre das Versäubern auf Befehl.

Häufiger bedient man sich allerdings der **instrumentellen Konditionierung,** das heißt man erhöht oder erniedrigt mit Lob und Strafe die Wahrscheinlichkeit, dass der Hund bestimmte Verhaltensweisen zeigt.

Den **Entzug von Aufmerksamkeit** (Ignorieren = den Hund nicht anfassen, nicht anschauen, nicht ansprechen) sollte man als wirkungsvolle Erziehungstechnik nicht unterschätzen, denn Hunde als soziale Rudeltiere streben nach Aufmerksamkeit. Ignorieren als Erziehungstechnik einzusetzen ist vor allem vorteilhaft, um der Entstehung von Aufmerksamkeit heischendem Verhalten oder lästigen und fehlerbehafteten Handlungsketten des Hundes vorzubeugen. Zudem verursacht die Anwendung keine Angst. Es kommt beim Hund zu keinerlei Vertrauensverlust. Ganz im Gegenteil. Oft ist es sogar so, dass man mehr Ansehen erlangt, wenn man es nicht mehr nötig hat, auf kleinere Vergehen des Hundes zu reagieren, denn dies spiegelt Souveränität wider.

Das Ignorieren ist jedoch nicht für jede Fragestellung wirksam. Verhaltensweisen, die selbstbelohnenden Charakter haben (z. B. das Jagen), können auf diese Art und Weise nicht erfolgreich angesprochen werden. Hier ist ein anderer Trainingsansatz erforderlich.

In der Hundeerziehung hat sich ein einfacher Ansatz sehr bewährt: Es gilt, dem Tier alle Verhaltensweisen, die es zeigen soll, in einem kleinschrittigen Trainingsaufbau und im Idealfall über den Einsatz eines positiven Verstärkers zu vermitteln. Gleichzeitig aber sollten unerwünschte Verhaltensweisen über neutrale Managementmaßnahmen verhindert werden, denn: Was nicht geübt oder sogar gar nicht erst ausprobiert wird, wird auch nicht gelernt!

Treten Probleme auf, sollte man sich immer kritisch fragen, was der Hund in einer bestimmten Situation überhaupt lernen kann, denn manchmal glaubt man, mit einer bestimmten Erziehungstechnik etwas zu erreichen, aber der Hund versteht aufgrund der Lernbiologie etwas ganz anderes.
Hierzu zwei Beispiele:
A) Der Hund wird in einer Familie gehalten und soll, da häufig Kinder zu Besuch kommen, mit Menschen freundlich sein. Hierzu werden im Haus auch verschiedene Übungen umgesetzt. Er erhält für ruhiges Verhalten Belohnungen. Gleichzeitig hat der Hund stets freien Zugang in den Garten. Häufig hält er sich dort mehrere Stunden am Tag auf. Immer mehr baut er das „Hobby" aus, am Gartenzaun Leute zu verfolgen und zu verbellen. Wieso ist das so?
Der Haken am Trainingsaufbau ist, dass sich die Übungen auf eine andere Situation beziehen. Im Garten erhält der Hund keine Unterstützung. Er bekommt auch nicht gezeigt, welches alternative Verhalten für ihn z. B. durch den Erhalt einer Belohnung erfolgreicher wäre. Ihm bleibt nur die Möglichkeit, eine eigenständige Entscheidungen zu fällen. Seine Wahl fällt auf ein Verhalten, das seine Besitzer nicht wünschen. Die Schulung von Höflichkeit bzw. Freundlichkeit bleibt aus.
B) Der Hund zeigt sich in einer bestimmten Situation ängstlich oder aggressiv. Der Besitzer ist durch dieses Verhalten gestresst. Er bestraft die unerwünschten Reaktionen in der Hoffnung, dass sein Hund sich dann besser verhalten möge. Dies ist nicht der Fall. Wieso?
Hier wird übersehen, dass dem Fehlverhalten eine negative Emotion zugrunde liegt. Das gezeigte Verhalten ist nur die Konsequenz, der erlebten Emotion – sei es Angst, Wut oder Frust. Die genannten Emotionen werden jedoch durch eine Strafe nicht behoben, sondern eher verstärkt. Auch hier müsste dem Hund eine über Erfolg vermittelte Alternative beigebracht werden, so dass er eine neue emotionale Verknüpfung herstellen kann.

Einem Lernteufelskreis, der auf Missverständnissen beruht, kann man dennoch entkommen. Verschiedene verhaltenstherapeutische Trainingstechniken können Anwendung finden. Professionelle Hilfe bieten spezialisierte Tierärzte und gut geschulte Hundeausbilder (z. B. mit einer Prüfung der IHK oder einer Tierärztekammer).

Merke: Bei starken körperlichen Strafen läuft man Gefahr, gegen das Tierschutzgesetz zu verstoßen, denn es ist verboten, Hunden Schmerzen zuzufügen.

Von ausschlaggebender Wichtigkeit ist aber auch eine gute **Bindung** zwischen dem Hund und seinen Menschen. Dies erleichtert nicht nur die Erziehung ungemein, sondern ist auch für eine gute Kontrolle über den Hund wichtig. Ein Hund, der nur mangelhaft an seinen Besitzer gebunden ist, macht auf dem Spaziergang nicht selten was er will. Um eine gute Bindung zu erreichen, darf man den Hund nicht durch für ihn unlogisches Verhalten verunsichern. Wenn man sich an die Gesetze der Lernbiologie hält, wird es in diesem Punkt keine Probleme geben.

Lernen basiert auf der Fähigkeit, **Verknüpfungen herzustellen.** Die Zeitspanne, in der der Hund zwei Dinge (eine Handlung und ein Lob) miteinander verknüpfen kann, ist sehr eng. Sie liegt, wie schon erwähnt, bei etwa einer Sekunde! Auf diese Tatsache muss man bei der Anwendung jeder Erziehungstechnik Acht geben, denn sonst führt das eingesetzte Lob oder auch eine Strafe nicht zum erwünschten Ergebnis.

Um Frustrationen in der Hundeerziehung von vornherein vorzubeugen, sollte man nicht immer das erträumte Endziel vor Augen haben, wenn man dem Hund etwas vermitteln möchte, sondern den Hund auf dem Weg dorthin für jede kleine Verbesserung belohnen.

Beispiel: Der Hund soll lernen liegen zu bleiben, wenn sich der Besitzer entfernt. Zu Beginn dieses Trainings wird er vielleicht noch liegen, wenn der Besitzer sich einen Meter entfernt, dann allerdings wird er hinterherlaufen wollen. Als Regel sollte in diesem Fall gelten: Er wird für die geringe Distanz, die er beherrscht, belohnt. Und in den nächsten Übungen verlangt man in kleinen Schritten immer ein wenig mehr Leistung.

Dasselbe gilt auch für das Abgewöhnen unerwünschter Verhaltensweisen. Eine Methode ist, dem Hund ein Verhalten beizubringen, das er anstelle des unerwünschten Verhaltens zeigen soll. Eine andere Technik ist, den Hund schrittweise an den Reiz zu gewöhnen, vor dem er z. B. Angst hat. Man kann diese Erziehungstechniken auch miteinander kombinieren.

Wichtig dabei ist, dass der Hund mit seinem „neuen“ Verhalten einen Erfolg verzeichnen kann. Nur dann wird er dieses Verhalten auch in Zukunft immer wieder zeigen. Ist sein Verhalten mit einem Misserfolg verknüpft, wird er sich eine neue Strategie überlegen, die für ihn erfolgreicher ist.

Hilfsmittel in der Hundeerziehung

In der Hundeerziehung kann man sich bestimmter Hilfsmittel bedienen, die das Training und das Zusammenleben erheblich erleichtern. Bei der Auswahl der Hilfsmittel sollte strikt darauf geachtet werden, dass sie tierschutzgerecht sind. Leider ist dies nicht bei allen angebotenen Produkten der Fall.

Die Auswahl der **Leine** ist weitestgehend Geschmacksache. Es gibt Leinen aus einer Metallkette mit einer Handschlaufe aus Leder, Lederleinen, Leinen aus Nylon, Stoff oder geflochtene Leinen aus anderen Materialien. Wichtig ist, dass die Leine über einen stabilen, aber leichten Karabiner verfügt, der sich von selbst nicht öffnen kann. Die Leine ist ein Hilfsmittel, das der Sicherheit dienen soll.

Es gilt die Regel: Je länger die Leine, desto schlechter ist die Kontrolle über den Hund. Daher ist der Einsatz von sogenannten Ausziehleinen nur in ganz bestimmten Ausnahmefällen sinnvoll.

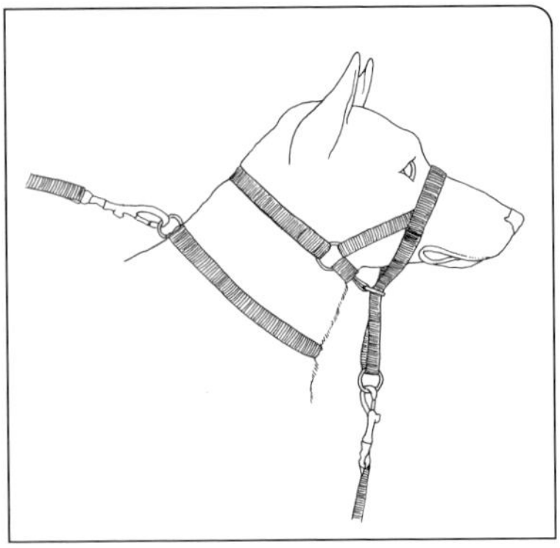

Die Vorteile des Haltis kann man nur nutzen, wenn die Leine am Ring unter der Schnauze befestigt ist.

Anders ist der Einsatz einer **Schleppleine** (eine leichte zehn bis fünfzehn Meter lange Leine, die der Hund hinter sich herzieht) zu bewerten. Diese gibt dem Hund mehr Freiheit. Er ist schlechter kontrolliert. Sie wird nur im Einzelfall zu gezielten Übungen im Trainingsbereich eingesetzt.

Das **Halsband** sollte möglichst breit sein, denn dann verteilt sich der Druck besser, wenn der Hund einmal an der Leine zieht. Das schont Kehlkopf und Luftröhre und beugt der Entwicklung von chronischem Husten vor. Es gibt Halsbänder aus Leder, Stoff, Nylon oder Metall. Wichtig ist, dass das Halsband so eingestellt ist, dass es nicht zu eng sitzt. Besonders im Wachstum muss dies immer wieder kontrolliert werden. Zu weit darf es aber auch nicht sein, denn der Hund sollte nicht mit dem Kopf herausschlüpfen können. Ob man sich für ein Würgehalsband mit Stopp oder für ein herkömmliches Halsband entscheidet, ist Geschmacksache. Durch das Tragen von Endloswürgern (Würger ohne Stopp) und Stachelhalsbändern (Korallenbänder) können Hunden erhebliche Schäden und Schmerzen zugefügt werden. Diese „Hilfsmittel" sind deshalb aus Tierschutzgründen abzulehnen.

Als Alternative zum Halsband kann man auch ein **Geschirr** benutzen. Hierbei ist darauf zu achten, dass es gut sitzt und an keiner Stelle scheuert. Für Autofahrten gibt es spezielle Autogeschirre. Bei der Anschaffung sollte man auf eine TÜV-Prüfung achten. Die gesetzlichen Vorschriften für den gesicherten Transport eines Hundes im Auto erfüllt man auch durch ein fest installiertes Trenngitter im Auto oder durch den Transport in einer Box, die dem Hund schon zuhause als Schlafplatz vertraut gemacht worden sein kann (vgl. Seite 45). Hinter dem Namen „Erziehungsgeschirr" o. Ä. verbirgt sich ein Geschirr, dessen Bänder von der Brust aus unter den Achseln des Hundes in Richtung Rücken geführt werden. Diese Hilfsmittel sind deshalb abzulehnen, weil sie dem Hund unter der Achsel durch Druck auf die Nerven, die vom Rumpf bis in die Vorderbeine verlaufen, starke Schmerzen bereiten.

Seit etwa drei Jahrzehnten gibt es spezielle, für Hunde entwickelte **Kopfhalfter** (Haltis, Gentle Leader u. a.). Mit einem solchen Halfter wird der Hund vom Kopf her geführt, was diverse Vorteile in sich birgt. Die wichtigsten sind, dass das Halfter zum einen das Führen des Hundes erleichtert, zum anderen erhöht es die Sicherheit, wenn es richtig angelegt,

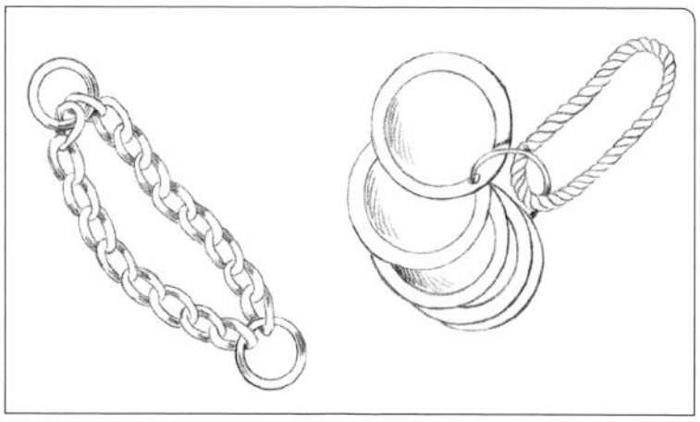

Negative Sekundärverstärker und Schreckreize (Wurfketten, Discs) wurden häufig missbräuchlich eingesetzt.

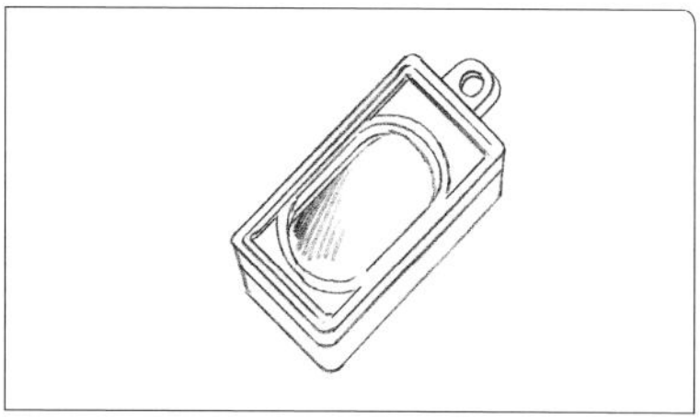

Der Clicker wird als positiver Sekundärverstärker aufgebaut. Er hilft Timingprobleme zu umgehen.

d.h. die Leine unter dem Kinn des Hundes an dem dafür vorgesehenen Metallring befestigt ist. Man kann dann mit dem Halfter auch große und kräftige Hunde ohne großen Kraftaufwand halten und lenken. Anders als man auf den ersten Blick vielleicht meinen könnte, ist das Halfter kein Maulkorb. Beißen wird durch das Halfter nicht verhindert, denn die Bewegungsfreiheit des Kiefers ist nicht eingeschränkt. In einigen Bundesländern ist es aber als Alternative zum Maulkorb für die Hunde zugelassen, die aufgrund ihrer Rassezugehörigkeit mit Maulkorb geführt werden müssen – vorausgesetzt es bestehen keine individuellen Auflagen.

Maulkörbe gibt es aus Stahl, Plastik, Nylon und Leder. Wenn ein Hund längere Zeit (z.B. auf einem Spaziergang) einen Maulkorb tragen muss, sollte man den Gitter-Modellen aus Plastik oder Stahl den Vorzug geben. Mit diesen Maulkörben können die Hunde sogar Wasser trinken und hecheln. Beides sollte immer uneingeschränkt möglich sein. Auch Ledermaulkörbe (Becher-Modell) sind sicher und schränken das Hecheln nicht ein, jedoch sollte man bedenken, dass Hunde als „Nasentiere" bei diesen Maulkörben dauernd den intensiven Ledergeruch in der Nase haben. Maulkörbe, die keinen Bewegungsspielraum für die Kiefer mehr zulassen (meist aus Nylon), verhindern zwar das Beißen, schaden aber der Gesundheit des Hundes. Ein längerer Einsatz ist somit nicht tierschutzgerecht.

Als **Clicker** bezeichnet man im Hundetraining Knackfrösche oder kleine Plastikkästchen mit einer Metallfeder, die ein Click-Clack-Geräusch erzeugen. Man kann Clicker als sogenannten positiven sekundären Verstärker einsetzen. Zunächst muss man dem Hund beibringen, dass er immer nach dem Ertönen des Click-Clack beispielsweise ein Leckerchen bekommt. Nach dieser Einführungskonditionierung kann man den Clicker dann im

Training einsetzen. Durch den Clicker ist ein besonders zeitgenaues Bestätigen von erwünschtem Verhalten möglich. Training mit dem Clicker ist für den Hund angenehm, weil das Hauptaugenmerk darauf gelegt wird, gutes Verhalten zu verstärken.

Hundepfeifen kann man im Training als Signal zum Beispiel für ein Rückrufkommando einsetzen. Sie sind sinnvoll, weil durch den Pfeifton für die Hunde nie die momentanen Emotionen des Halters zu erkennen sind. Besonders in einem Mehrpersonenhaushalt macht sich der Einsatz bezahlt, weil der Hund sonst durch die unterschiedlichen Stimmen viele Einzelkommandos lernen muss. Pfeifen gibt es aus Metall, Holz, Horn oder Plastik. Es gibt Pfeifen, deren Ton im Ultraschallbereich liegt. Hunde können solche Töne in aller Regel hören. Einen guten Gehorsam auf den Pfeifton kann der Hund allerdings erst nach einem entsprechenden Training zeigen. Dazu muss man den Hund ganz gezielt auf diesen Ton trainieren und ihm durch entsprechende Übungen vermitteln, welches Verhalten er zeigen soll.

Fisher Discs sind fünf an einem Ring befestigte leicht gebogene Metallscheiben. Im Gegensatz zum Clicker werden die Scheiben im Training normalerweise als negativer Verstärker eingesetzt. Je nach Trainingstechnik dienen sie dazu, nach einer entsprechenden Verknüpfung gezielt Frustration zu erzeugen, wenn man mit ihnen klappert.

Als aversive Schreckreize/anonyme Bestrafung werden mitunter **Wurfketten** (kurze, leichte Metallgliederketten) oder Klapperdosen (wie eine mit ein paar Steinchen gefüllte leere Getränkebüchse) eingesetzt. Das Training mit solchen aversiven Reizen ist nicht unproblematisch, denn über den Schreck können auch unerwünschte Assoziationen entstehen. Der Einsatz sollte im Einzelfall also genau überdacht werden und vor dem Einsatz ein detaillierter Trainingsplan aufgestellt werden. Beim Setzen eines Schreckreizes zur Unterbrechung einer Handlung mit einer **Wasserpistole** ist die Gefahr einer (unerwünschten) Negativverknüpfung ebenfalls gegeben, aber zumindest im Hinblick auf die Entwicklung einer Geräuschängstlichkeit deutlich geringer.

Auf dem Markt sind zur Hundeerziehung auch **Sprühhalsbänder** erhältlich. Diese bestehen aus zwei Teilen: einem Empfängerkästchen, das am Halsband des Hundes befestigt ist und einem Sender. Per Fernsteuerung kann man am Empfängerkästchen je nach Gerät einen Sprühstoß Luft, Wasser- oder Zitrusnebel auslösen. Für den Hund stellt das einen sehr starken Schreckreiz dar. Das Trainingsziel ist, den Hund bei einem unerwünschten Verhalten zu unterbrechen. Beim Einsatz eines derartigen Gerätes kann (selbst unter fachkundiger Handhabung) nie hundertprozentig die Gefahr einer unbeabsichtigten Fehlverknüpfung mit nachfolgendem Angstverhalten ausgeschlossen werden. Der Einsatz sollte demnach genau überdacht und auch der Tierschutzgedanke in die Überlegungen einbezogen werden.

Anti-Bell-Halsbänder sind in verschiedenen Varianten auf dem Markt. Die einen arbeiten ähnlich wie das

Sprühhalsband, jedoch nicht funkgesteuert, sondern lösen bei Aktivierung des eingebauten Mikrophons aus. Genau wie beim Sprühhalsband sind Geruchsinhaltsstoffe (Zitronella, Senf und andere) für eine genaue Verknüpfung nicht geeignet, da sie ohne Nutzen maßgeblich das Stresserleben des Tieres steigern. Zudem gilt auch hier, dass beim Einsatz negative Angstverknüpfungen nicht auszuschließen sind, was den tierschutzgerechten Einsatz dieser Geräte limitiert.

Eine andere Variante der Anti-Bell-Halsbänder arbeitet mit Reizstrom. Diese Halsbänder sind aus tierschutzrechtlichen Gründen aufgrund der Schmerzwirkung abzulehnen.

Als **Teletaktgeräte** bezeichnet man Stromimpulsgeräte, die per Fernbedienung ausgelöst werden. Der Stromschlag an den Hals des Hundes verursacht Schmerzen und einen massiven Schreck. Der Einsatz dieser Geräte ist nach deutschem Tierschutzrecht verboten. Sehr häufig entwickeln Hunde danach ernsthafte Verhaltensauffälligkeiten.

Spielzeug wird in der Hundeerziehung vor allem zur Beschäftigung und als Objekt bei Apport-Übungen eingesetzt. Auch im Rahmen einer Belohnung kann Spielzeug eingesetzt werden. Welche Art von Spielzeug man benutzt, hängt stark von den Vorlieben des Hundes ab. Es sollte bei der Auswahl darauf geachtet werden, dass das Spielzeug stabil ist, also keine kleinen Teile davon abgebissen und verschluckt werden können. Es sollte außerdem keine scharfen Kanten haben, an denen sich der Hund verletzen kann.

Auch mit **Stöcken** und **Steinen** spielen viele Hunde gern. Steine zerstören allerdings durch die Reibung an den Zähnen den Zahnschmelz des Hundes oder können verschluckt werden. Bei Stöckchen kommt es relativ häufig zu Verletzungen im Maul- und Rachenbereich. Der Einsatz von Stöcken und Steinen als Spielzeug ist also kritisch zu bewerten.

Als Motivationsmittel und zur Belohnung kann man bei fast allen Hunden **Futter** benutzen. Wichtig für das Training ist, dass es besonders lecker und von weicherer Konsistenz ist, damit der Hund es schnell schlucken kann. Die Leckerchen sollten zudem klein sein und die als Belohnung verfütterte Menge von der Tagesfutterration abgezogen werden, damit der Hund nicht an Gewicht zulegt.

Auch eine in der Wohnung aufgestellte **Hundehütte** oder eine **Transportbox** kann man als Hilfsmittel für die Erziehung bezeichnen. Beides ist zum Beispiel für das Training zur Stubenreinheit oder auch bei einer speziellen Therapie gegen Ängste beim Alleinebleiben hervorragend geeignet. Wenn man den Hunden diese Boxen als Schlafplatz anbietet und ein spezielles Boxentraining mit ihnen absolviert, fühlen sich die Hunde an diesem Ort sehr geborgen. Auf Reisen kann man dies dann ausnutzen, denn der Hund fühlt sich in „seiner" Hundehütte überall ein wenig mehr zuhause als auf einem fremden Schlafplatz.

In einer **Bauchtasche** lassen sich Leckerchen, Spielzeug, Clicker, ein Maulkorb oder auch Erste-Hilfe-Material prima unterbringen, wenn man mit dem Hund unterwegs ist.

Mensch und Hund: eine Beziehungskiste

Wenn ein Welpe ins Haus kommt, ist das für die betreffenden Menschen ein aufregendes Erlebnis und meist der Beginn einer wunderbaren Beziehung. Für den Welpen aber ist es zunächst ein Schock. Von jetzt auf gleich ist seine Welt aus den Angeln gehoben. Seine Mutter und seine Geschwister und auch die früheren Bezugspersonen sind nicht mehr da, die gewohnte Umgebung verschwunden. Seine angeborene Körpersprache wird nicht oder nur schlecht verstanden. Die Regeln, die er im Umgang mit Mutter und Geschwistern kennen gelernt und eingeübt hat, gelten nicht mehr, seine bisherigen Erfahrungen haben keinen Wert mehr.

Was lernt ein Welpe?

Vieles ist anders als bisher. Der Welpe muss vielleicht allein schlafen. Das macht ihm Angst, denn Hunde sind nicht für das Alleinsein geschaffen. Sie sind soziale Tiere und brauchen zu ihrem Wohlbefinden Gesellschaft. An das Alleinsein müssen sie erst langsam gewöhnt werden. Futter gibt es genug, niemand – auch nicht die Geschwister – macht es ihnen streitig. Sollte schon ein anderer Hund im Haus leben, so wird er meist gezwungen, den Kleinen immer nett zu behandeln. Wenn das Leben beim Züchter ähnlich war, helfen dem Welpen seine bisherigen Erfahrungen dabei, sich in der neuen Familie zurechtzufinden. Aber trotzdem ist alles fremd – vor allem seine neuen Menschen. Verhaltensweisen zur gegenseitigen Verständigung sind Menschen und Hunden, anders als zur Verständigung mit Artgenossen, leider nicht angeboren. Daher müssen jeder Welpe und seine neuen Menschen erst lernen, sich gegenseitig zu verstehen. Das ist den meisten Menschen nicht wirklich bewusst.

Rituale

Eine gute Grundlage für die gegenseitige Verständigung und den Umgang miteinander sind Rituale. Sie beruhen nicht auf Zwang, sondern entwickeln sich, wenn bestimmte Handlungen und Abläufe im täglichen Umgang immer wieder ausgeführt und dadurch geübt werden. Die folgenden Rituale werden oft empfohlen und sind vielen Hundehaltern und Trainern gut bekannt:
Der Mensch soll
- als Erster Neuankömmlinge (Besuch) begrüßen und auch als Erster begrüßt werden.
- Kontakt (Schmusen, Spiel) beginnen und beenden.
- essen, bevor der Hund Fressen bekommt.
- immer als Erster in die/aus der Wohnung gehen.

Solche Spiele sollten unbedingt vermieden werden, um späteren Problemen vorzubeugen.

- die besten (meist erhöhten) Plätze beanspruchen und nicht dem Hund überlassen.

Unter Umständen sind diese Rituale für einen Hundehalter nicht tauglich, z. B. wenn er seinen Hund füttern möchte, bevor er selbst isst, wenn er eben gern mit seinem Hund auf dem Sofa sitzen würde oder möchte, dass sein Hund vor ihm durch eine Tür geht. Es hängt also davon ab, wie jeder individuelle Hundehalter mit seinem Hund leben möchte, welche Rituale für ihn selbst tatsächlich sinnvoll sind.

Auf eine verhältnismäßig einfache Möglichkeit weist die Beobachtung hin, dass im freilaufenden Wolfsrudel die Elterntiere das Futter monopolisieren und zuteilen (David Mech). Der Hundehalter kann sich das gezielt zunutze machen, indem er dem Welpen einen Teil seines Futters nicht aus dem Napf, sondern über den Tag verteilt direkt aus der Hand gibt. Das fördert die Bindung – nach dem Motto: Liebe geht durch den Magen –, und lehrt den Hund auch, dass es sich lohnt, etwas für den Halter zu tun. Dadurch kann ein ziemlich leicht durchzuführendes Ritual aufgebaut werden: Wenn der Welpe jedes Mal einfach ruhig vor dem Halter sitzen und ein bisschen warten muss, bis der nächste Futterbissen kommt, entwickelt sich das geduldige „Sitzen vor dem Halter“ zu einer Gewohnheit, die der Welpe gegenüber seinem Halter regelmäßig und gern ausführt. Ganz nebenbei lernt der Welpe dabei:

- Futter kommt direkt vom Halter – nicht aus dem Napf.
- Futter kommt aus der Hand. Das bedeutet: Hände sind gut.
- Zusammenarbeit mit dem Hundehalter lohnt sich und macht Spaß.
- Ruhig sitzen lohnt sich – und ist besser als Hochspringen.
- Warten lohnt sich – das trainiert die Frustrationskontrolle.

Der strukturierte Ablauf der Übung vermittelt dem Hund Sicherheit im Umgang mit dem Halter und fördert die Bindung. Mit der Zeit entwickelt sich ein Ritual – nützlich z.B. beim Anleinen. Außerdem demonstriert der Halter dabei jedes Mal seinen uneingeschränkten Zugang zu der wichtigen Ressource Futter. Auf einfache Weise wird dem Welpen die Überlegenheit des Halters vor Augen geführt, ganz ohne den Einsatz körperlicher Kraft.

Die Sache mit der Rangordnung

Man geht heute bei Hunden ebenso wie bei Wölfen zunehmend weniger von einer absolut festen Rangordnung aus. Es ist eher so, dass die Verhaltensstrategien eingesetzt werden, die sich im täglichen Umgang miteinander als erfolgreich erwiesen haben. Wenn der Halter also von Anfang an dafür sorgt, dass der Hund die „richtigen“ Erfahrungen macht, kann dieser sich so die Verhaltensweisen aneignen, die für das gemeinsame Leben sinnvoll sind.

Erfolgreiches Zusammenleben, auch das von Menschen und Hunden, beruht auf Vertrauen und Bindung sowie früh erlernten Regeln und Ritualen. Die Grundlage bilden die Erfahrungen, die der Welpe und die einzelnen Familienmitglieder ab Tag 1 miteinander sammeln. Im täglichen Umgang miteinander lernt und übt der Welpe sozusagen laufend die „Regeln der Hausordnung“. Das ermöglicht im Weiteren ein stressfreies Zusammenleben.

Um sich zu einem emotional stabilen Hund zu entwickeln, braucht ein Welpe „gute“ Erfahrungen. Damit er sich möglichst gut in seine neue soziale Gemeinschaft integriert, braucht er klare, unzweideutige und freundliche Informationen. Das beinhaltet u. a.:

- Beständigen freundlichen und geduldigen Umgang mit dem Welpen.
- Vermeiden von bedrohlichen Verhaltensweisen (Anschreien, körperliche Sanktionen).
- Anbieten von berechenbaren und verlässlichen Strukturen, z. B. einen überschaubaren, gut strukturierten Tagesablauf.

Erfahrungsgemäß sind einige Verhaltensweisen für das erfolgreiche Zusammenleben von Menschen und Hunden unerlässlich: Stubenreinheit, eine gute Bindung an die Bezugspersonen, Vertrauen des Hundes zu seinen Menschen, sich gern und ohne Gegenwehr überall anfassen zu lassen, und „Höflichkeit“ im Umgang mit fremden Menschen. Außerdem sollte jeder Hund einige Verhaltensweisen so gut beherrschen, dass er sie zuverlässig ausführen kann, wenn sie verlangt werden, z. B. „Komm“, „Sitz“ und „Platz“ und geordnet an der Leine gehen.

Sogenannte „Befehle“ wie „Sitz“ und „Platz“ können jederzeit im Leben gelehrt werden. Vertrauen und Bindung dagegen sind abhängig von den frühen Erfahrungen des Welpen. Im späteren Leben können sie oft nur mit erheblichem Aufwand und manchmal überhaupt nicht mehr aufgebaut werden. Dazu gehört auch, dass sich ein Hund gern und überall ohne Widerstand anfassen lässt. Welpen kann man meist noch dazu zwingen, sich alles gefallen zu lassen, einen erwachsenen Hund häufig nicht. Daher ist es sinnvoll, Welpen frühzeitig mit Körperpflegemaßnahmen vertraut zu machen und ein entsprechendes Ritual zu entwickeln.

Dieser Hund fühlt sich sichtlich unwohl. Abwehrverhalten wäre ganz normal – und wahrscheinlich für das Kind gefährlich.

Von klein an sollten also regelmäßig, am besten mit Belohnungen, die Pfötchen untersucht, in Ohren und Maul geschaut, das Fell durchwühlt und der Bauch inspiziert werden. So wird es für den Hund zum Vergnügen, wenn er angefasst wird. Irgendwann kommt nämlich der Tag, an dem es auch ein bisschen wehtun kann.

Ein Hund, der sich grundsätzlich gern anfassen lässt, hat später meist so viel Vertrauen, dass man Ohrentropfen ohne Gegenwehr einträufeln kann. Welpen, die gelernt haben, dass man ihr Mäulchen aufmacht und ein Futterbröckchen auf die Zunge legt, lassen sich später auch einfach so ins Maul schauen und/oder hinein fassen oder auch Tabletten eingeben. Solche spielerischen Übungen in den ersten Wochen und Monaten zahlen sich für das ganze Hundeleben aus.

Auch bei Spielsachen lohnt sich der Aufbau von Ritualen. Das kann Aggressionsverhalten im Zusammenhang mit Spielsachen vorbeugen. Außerdem können Hunde mit Spielsachen mehr anfangen, wenn man mit ihnen gemeinsam damit spielt und sie ihnen nicht einfach nur hinlegt.

Hunde lernen am schnellsten, wenn einheitliche Regeln gelten. Aber Menschen sind meist nicht wirklich konsequent. Dadurch erscheinen dem Hund seine Menschen schnell unberechenbar und unzuverlässig. Da außerdem die meisten Hundehalter nicht wissen, dass Verhalten und Folge nur verknüpft werden, wenn ein *unmittelbarer* zeitlicher Zusammenhang zwischen beiden besteht, wird selten im richtigen Augenblick belohnt oder bestraft. Daher dauert es länger, bis der Hund den Zusammenhang zwischen Verhalten und Folge erkennt. Überdies erfolgt die Information, welches Verhalten erwünscht ist und welches nicht, vorwiegend in menschlicher Sprache. Den Wortinhalt verstehen Hunde jedoch nicht. Das alles erschwert und verlangsamt das Erlernen von erwünschtem Verhalten. Hunde haben darüber hinaus viel Erfolg bei unerwünschtem Verhalten. Auf Hochspringen, Bellen oder Graben im Garten reagieren Menschen erfahrungsgemäß mit Aufmerksamkeit – und verstärken das Verhalten dadurch unbeabsichtigt. Wenn dann irgendwann, für den Hund oft aus heiterem Himmel, körperliche Strafen ins Spiel kommen, erscheinen Menschen grundlos aggressiv. Wie man sieht, ist es für einen (jungen) Hund gar nicht so leicht, das zu lernen, was für ein geordnetes Zusammenleben mit Menschen erforderlich ist.

Aggressives Verhalten innerhalb der Familie

Ebenso wie die Entwicklung anderer Verhaltensweisen wird die Entwicklung von aggressivem Verhalten stark vom Hundehalter beeinflusst. Aggressives Verhalten **innerhalb** der Familie ist meist die Folge von Missverständnissen zwischen Hund und Halter.

1. Missverständnis

Aggressive Kommunikation gehört bei Hunden zum Normalverhalten. Durch bedrohliche Körpersprache, u.a. Zeigen der Zähne und Knurren, können sozial kompetente Hunde durch ritualisierte Auseinandersetzungen Ernstkämpfe und Verletzungen vermeiden. Beim Hundebesitzer lösen diese als „aggressives Display" bezeichneten Verhaltensweisen häufig Angst und/oder Wut und Aggression aus und führen zu einer Bestrafung des Hundes. Da dessen Verhalten jedoch oft auf Unsicherheit beruht, verschlimmert die Strafe die Situation, besonders wenn die zum Lernen erforderlichen Grundlagen nicht befolgt werden (können).

2. Missverständnis
In einem Rudel üben Welpen ab der zweiten Lebenswoche täglich die Verhaltensweisen, die für den angemessenen Umgang miteinander erforderlich sind. Das betrifft auch den Zugang zu Ressourcen. Im Zusammenleben von Hund und Mensch sollten ebenfalls von Anfang an verlässliche Regeln für den Umgang miteinander aufgebaut werden. Das ist aber oft nicht der Fall, z. B. wenn ein bestimmtes Verhalten manchmal belacht, manchmal einfach übersehen und manchmal sogar bestraft wird. Die Folge ist, dass der Hund seine Menschen als unzuverlässig empfindet, das Vertrauensverhältnis leidet und Unsicherheit und Angst entstehen. Das wiederum kann zu aggressiven Reaktionen führen. Unabhängig davon, ob der **Anlass** eine Ressource, die Strafe selbst oder etwas anderes ist, die **wirkliche Ursache** ist Angst und Unsicherheit. Fast alle weiteren täglichen Erfahrungen, die der Hund mit seinen Menschen macht, verstärken das aggressive Verhalten. Das kann Erfolg für das aggressive Verhalten sein, z. B. dass der „Gegner" zurückweicht oder das Futter, der Hausschuh oder ein gutes Lager im Besitz des Hundes bleibt, aber auch Versuche, den Hund zu beruhigen.

Aggressionsverhalten innerhalb der Familie wird in weiten Kreisen immer noch sehr häufig als „Dominanzaggression" bezeichnet. Unglücklicherweise führt allein schon diese Bezeichnung beim Hundebesitzer zu Aggression, weil er von einem selbstsicheren Hund ausgeht, der sich Rechte herausnimmt und sie mit Gewalt durchsetzen will. Erfahrungsgemäß aber sind „dominant aggressive" Hunde unsicher und/oder haben Angst. Gegenaggression und Strafen verbessern das nicht, das Gegenteil ist der Fall. Zusätzlich können bestimmte Situationen und/oder Reize, die mit dem aggressiven Verhalten assoziiert wurden, jederzeit wieder spontan Aggression auslösen. Ein Hund, der gelernt hat, sich in der Nähe seines gefüllten Futternapfs aggressiv zu gebärden, könnte z. B. allein beim Erscheinen des Napfs aggressiv reagieren (klassische Konditionierung).

Das alles kann man vermeiden, wenn man dem Hund von Anfang an die richtigen Informationen auf eine für ihn verständliche Art übermittelt. Klare Regeln und eine konsequente und freundliche Führung, die nicht auf der Demonstration von körperlicher Überlegenheit beruhen, zeigen dem Hund das richtige Verhalten. Schon bestehendes unerwünschtes Verhalten kann am **sichersten** gewaltfrei und ohne Konfrontation durch gezielte Verhaltenstherapie geändert werden. Dazu sollte kompetente professionelle Hilfe **möglichst frühzeitig** in Anspruch genommen werden.

Haltung, Pflege, Gesundheit, Ernährung

Hunde sind soziale Rudeltiere, die darauf angewiesen sind, mit anderen Sozialpartnern in einer Gruppe zu leben. Auch wenn sich Hunde hervorragend in einen Verband aus menschlichen Familienmitgliedern einordnen können, ist es im Normalfall dennoch wichtig, ihnen ausreichende Kontakte zu Artgenossen zu ermöglichen.

Nach einem entsprechenden Training kann man einen Hund auch einmal für eine gewisse Zeit alleine lassen. Bei einer ganztägigen Berufstätigkeit ist eine artgerechte Haltung eines einzelnen Hundes allerdings schon sehr fragwürdig, denn es bleiben nur wenige Stunden des Tages, in denen der Hund die Möglichkeit für **Sozialkontakte** hat. Dasselbe gilt für die Zwingerhaltung. Die Unterbringung eines einzelnen Hundes in einer Zwingeranlage kann daher nicht als artgerecht bezeichnet werden.

Eine Besonderheit stellt die Haltung von zwei oder mehr Hunden dar. In diesem Fall sollte man sich darüber im Klaren sein, dass auch doppelt so viel Erziehungsarbeit und auf den Spaziergängen doppelt so viel Kontrolle und entsprechend höhere Kosten für die Haltung notwendig sind.

Die Aussage, man brauche für die Haltung eines großen Hundes unbedingt eine große Wohnung oder ein großes Haus mit Garten, ist nicht unbedingt richtig. Wenn man den **wichtigsten Bedürfnissen** des Tieres nachkommen kann, ist gegen die Haltung eines großen Hundes in einer relativ kleinen Wohnung nichts einzuwenden, wenn es einen selbst nicht stört. Zu den wichtigsten Bedürfnissen des Hundes zählen neben den schon oben angesprochenen Sozialpartnern und Sozialkontakten natürlich auch körperliche und geistige Beschäftigung.

Bewegung und Beschäftigung

Geistige **Beschäftigung** ist auch für Hunde wichtig. Man kann Hunde geistig fordern, indem man ihnen Übungen oder Kunststücke beibringt. Diese können aus dem Gehorsamsbereich stammen oder sportlich orientiert sein. Auch Futter-Such-Spiele sind beliebt. Das Sprichwort „Wer rastet, der rostet" gilt für Körper und Geist – bei Hunden ebenso wie bei Menschen.

Weil das notwendige Maß an **Bewegung** stark vom Gesundheitszustand des Tieres abhängig ist, kann man keine Richtlinie aufstellen, wie lange man mit dem Hund spazieren gehen sollte. Bei einem gesunden Hund mit guter Kondition braucht man sich aber im Allgemeinen keine Sorgen zu machen, dass es zu viel sein könnte, meist ist eher das Gegenteil der Fall. Für einen gesunden Hund sollten zwei Stunden täglich das Mini-

Tägliche Sozialkontakte mit möglichst vielen verschiedenen Menschen müssen bei der Welpenaufzucht gewährleistet sein.

mum sein. Außerdem ist darauf zu achten, dass der Hund mindestens dreimal täglich (besser öfter) die Möglichkeit hat sich zu lösen.

Hunde sind ausgesprochen lauffreudige Tiere. Dies gilt auch für kleine Hunde. Neben der Befriedigung des Bewegungsdranges bietet ein Spaziergang dem Hund natürlich auch durch Kontakte mit Artgenossen und durch die Möglichkeit zu schnuppern viel Abwechslung.

Sich frei im Garten bewegen zu dürfen, bietet dem Hund keinen Ausgleich zu Spaziergängen, vor allem dann nicht, wenn sich der Hundehalter nicht mit ihm im Garten beschäftigt. Innerhalb des Gartens kennt der Hund jeden Winkel und neue Gerüche kommen selten hinzu. Der Garten wird schnell langweilig und es bürgern sich dann Unsitten ein, wie Passanten verbellen, Grabungen veranstalten und andere.

Der Geruchssinn

Die Riechleistung eines Hundes übersteigt die des Menschen um ein Vielfaches.

Zu schnuppern ist für Hunde wichtig, weil sie durch die Auswertung der verschiedenen Gerüche umfangreiche Informationen über ihre Umwelt sammeln können.

Besonders interessant sind für Hunde Urinmarken oder Kot von Artgenossen, denn durch bestimmte Geruchsstoffe in den Ausscheidungen werden Informationen von Hund zu Hund weitergegeben.

Uns Menschen mag diese Verhaltensweise, genau wie das Beriechen der Analregion oder der Geschlechtsorgane von Artgenossen bei Hundebegegnungen, manchmal etwas „unfein“ erscheinen; es handelt sich dabei aber um ein hundetypisches Verhalten, das zur normalen Kommunikation gehört.

Sein Platz

Hunde brauchen neben den eben angesprochenen Grundbedürfnissen im Haushalt nicht unbedingt Komfortbedingungen. Eine gemütliche Decke, nach Belieben auch eine Box, einen Korb oder einen anderen Platz sollte der Hund aber haben, um sich auch einmal dorthin zurückziehen zu können.

Wasser muss dem Hund immer leicht zugänglich sein und ihm in ausreichender Menge zur Verfügung stehen. Dies ist besonders wichtig, weil Hunde über das Hecheln viel Flüssigkeit verdunsten. Anders als wir Menschen regulieren sie auf diese Weise ihre Körpertemperatur, denn sie haben keine über den ganzen Körper verteilten Schweißdrüsen.

Körperpflege

Eine wichtige Pflegemaßnahme besteht darin, den Hund regelmäßig auf seine Gesundheit zu kontrollieren. Dies kann man an die Fellpflege anknüpfen, denn hierbei entdeckt man leicht, ob der Hund irgendwo eine Stelle hat, an der sich die Haut oder das Fell verändert, vielleicht durch Parasitenbefall, eine Verletzung oder auch durch eine innere Erkrankung. Jede Veränderung sollte ernst genommen und gegebenenfalls vom Tierarzt untersucht und behandelt werden.

Bei der Fellpflege ist besonders bei langhaarigen Hunden darauf zu achten, dass es nicht zu Verfilzungen kommt, denn bei größeren Filzstellen leidet die Hautgesundheit erheblich. Notfalls empfiehlt es sich, diese Stellen herauszuschneiden oder zu scheren. Vor allem wenn sich schon sehr viele Verknotungen gebildet haben, ist dies im Vergleich zum Auskämmen für den Hund die einfachere Prozedur. Es ist zudem wichtig, dass keine Haare vor den oder in die **Augen** hängen. Letzteres weil ständige Reizungen der Hornhaut zu Entzündungen des Auges führen. Zusätzlich sind Hunde, die durch den Behang vor den Augen nicht richtig sehen können, häufig in ihrem Verhalten unsicher und schreckhaft.

Auch die **Pfoten**, die **Ohren**, das **Maul** und die **Geschlechtsorgane** sollten regelmäßig kontrolliert werden, um Veränderungen, die auf eine Erkrankung hindeuten, so früh wie möglich zu entdecken. Weil Hunde uns nicht mitteilen können, wenn sie sich einmal nicht so wohl fühlen, ist es wichtig, auch das Verhalten zu beobachten. Wenn sich beispielsweise ein Hund, der früher kontaktfreudig war, mehr und mehr zurückzieht, sollte man Rat beim Tierarzt einholen.

Durch regelmäßige Pflegemaßnahmen können Veränderungen frühzeitig erkannt werden.

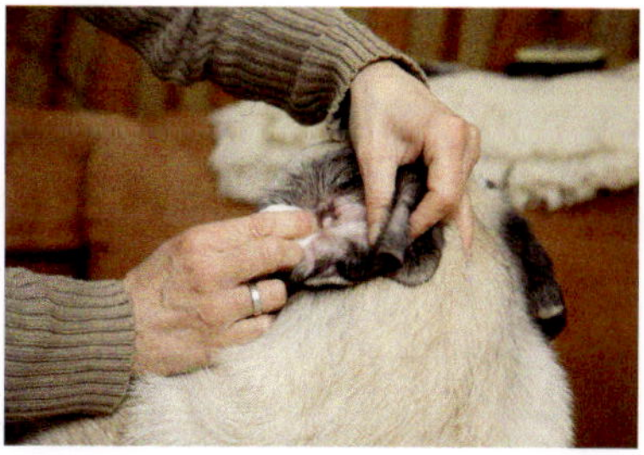

Gesundheitsvorsorge

Wenn einmal Zweifel an der Gesundheit des Hundes bestehen, sollte man **Fieber messen,** denn manche Erkrankungen und Infektionen können mit Fieber einhergehen.

Die **Körpertemperatur** bei einem erwachsenen Hund im After gemessen:
- normal: 38–38,8 °C.
- erhöhte Temperatur: bis 39,3 °C.
- Fieber: über 39,3 °C.

Welpen, Hunde kleiner Rassen und Hunde, die vor dem Fiebermessen getobt haben, trächtige Hündinnen oder sehr aufgeregte Kandidaten haben immer eine etwas höhere Temperatur. Zur Kontrolle der Körpertemperatur sind schnell messende Digitalthermometer, die in jeder Apotheke erhältlich sind, gut geeignet. Zum Fiebermessen muss nur die Metallspitze des Thermometers in den After eingeführt und für eine gewisse Zeit dort gehalten werden. Man kann etwas Fett auf die Spitze des Thermometers auftragen,

Das Dulden solcher Maßnahmen muss sorgfältig und schrittweise geübt werden.

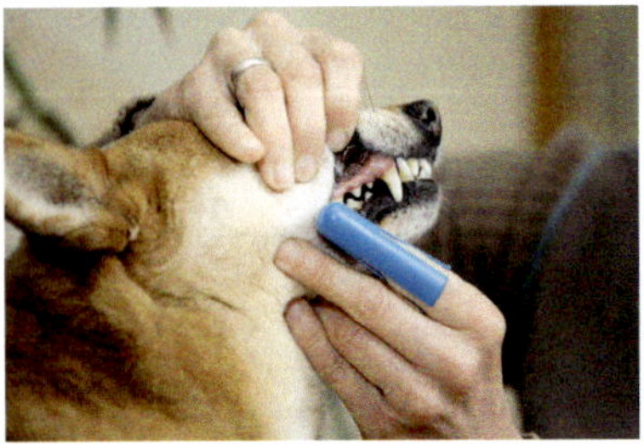

damit es beim Einführen besser gleitet und das Fiebermessen für den Hund nicht so unangenehm ist.

Zur gesundheitlichen Vorsorge des Hundes gehört auch, ihn **regelmäßig** (mindestens einmal im Jahr beim bzw. vor dem Impftermin) vom Tierarzt **untersuchen zu lassen.** Wenn man einen Hund neu bekommt oder einen Welpen bei sich aufgenommen hat, sollte man ihn sobald wie möglich beim Tierarzt vorstellen. Es ist später viel wert, wenn sich Tierarzt und Hund früh begegnet sind. Hunde, die Tierarztpraxis und Tierarzt in einer entspannten Art und Weise kennen lernen, benehmen sich bei den Behandlungen besser. Das vereinfacht jegliche Untersuchung auch im späteren Leben des Hundes. Auch für den Tierarzt ist es hilfreich, wenn er den Hund schon gesund kennengelernt hat. Er kann so den Schweregrad von Erkrankungen besser einschätzen.

Auch die Kontrolle, ob der Hund einen gültigen Mikrochip trägt und ob eine Entwurmung ansteht, kann hier erfolgen. Bei seinem ersten Termin beim Tierarzt bekommt der Hund eine Grunduntersuchung und der Tierarzt kann anhand des Impfpasses prüfen, wann die nächste Impfung ansteht.

Den Hund mit einem **ISO-Mikrochip kennzeichnen** zu lassen, ist in einigen Bundesländern je nach Größe oder Rasse des Hundes Pflicht. Der Mikrochip ermöglicht eine sichere Identifizierung des Tieres im In- und Ausland. Er wird mit einer speziellen Spritze an die linke Halsseite des Hundes unter die Haut gesetzt.

Jeder Hund sollte gegen Staupe, Hepatitis canis, Parvovirose und Leptospirose geimpft werden. Auch die Impfung gegen Tollwut ist zu empfehlen, wenngleich außer bei grenzüberschreitendem Reiseverkehr keine Impfpflicht besteht. Tollwut ist eine Erkrankung, die im Falle einer Infektion stets tödlich verläuft. Rechtlich gesehen, stehen geimpfte Hunde im Tollwutverdachtsfall besser da – sie werden nicht umgehend getötet. Impfungen gegen Zwingerhusten und Borreliose sind möglich. Sie sollten im Einzelfall nach Rat des Arztes vorgenommen werden.

Impfungen müssen in regelmäßigen Abständen aufgefrischt werden. Lassen Sie sich diesbezüglich von Ihrem Tierarzt beraten.

Nach Absprache mit dem Tierarzt sollte der Hund zwei- bis viermal jährlich **entwurmt** bzw. auf Wurmbefall kontrolliert werden. Ihr Tierarzt berät Sie auch bei der Frage, wie ein Befall mit Flöhen, Zecken, Milben und anderen **Parasiten** abgewehrt oder behandelt werden kann.

Für Reisen ins Ausland benötigt der Hund als Dokument den blauen **EU-Heimtierausweis.** Dieser ist nur gültig, wenn das Tier die vorgeschriebene unverwechselbare Kennzeichnung durch einen Mikrochhip trägt und diese Daten sowie die Impfungen im Pass eingetragen sind. Für Auslandsaufenthalte sind jeweils die im Reiseland vorgeschriebenen Impfungen erforderlich. Die aktuellen Bestimmungen kann man beispielsweise beim Konsulat des jeweiligen Landes erfragen. Auch die Einreisebestimmungen von Drittländern müssen berücksichtigt werden.

Erkrankungen

Schnittverletzungen an den Pfoten ziehen sich Hunde relativ schnell zu. Die Verletzungen sollten in jedem Fall behandelt werden. Größere Wunden müssen unter Umständen sogar chirurgisch vom Tierarzt versorgt werden.

Es ist allemal besser, einmal zu oft beim Tierarzt um Rat zu fragen, als einmal zu wenig oder zu spät!

Als weitere Erkrankungen, die fast jeder Hund einmal hat, sind **Erbrechen** oder **Durchfall** zu nennen. Bedenken Sie, dass dabei gar nicht diese Symptome selbst die eigentliche Gefährdung für den Hund darstellen, sondern der unnatürlich große Flüssigkeitsverlust. Achten Sie strikt darauf, dass ihr Hund, wenn er erbricht oder Durchfall hat, genug Flüssigkeit aufnimmt. Bieten Sie ihm häufig Wasser oder hierzu eine spezielle Elektrolyt-Lösung an, die Sie beim Tierarzt erhalten. Wenn Ihr Hund die Lösung nicht bei sich behalten kann, muss er umgehend dem Tierarzt vorgestellt werden. Bei einer heftigen Durchfallerkrankung kann ein Hund sonst innerhalb von ein bis zwei Tagen am Flüssigkeitsverlust sterben!

Sollte Ihr Hund beginnen, aus dem Maul zu riechen oder häufig ungeformten und besonders übelriechenden Kot abzusetzen, kann es sein, dass ihm das Futter nicht optimal bekommt. Wenden Sie sich auch in diesen Fällen an Ihren Tierarzt. Bei schlechtem Atem ist mitunter auch Zahnstein die Ursache. Den **Zahnstein** kann der Tierarzt entfernen.

Auch wenn Sie feststellen, dass Ihr Hund sich mehr kratzt als früher, träge, launisch, aggressiv oder ängstlicher geworden ist, ist Ihr Tierarzt der richtige Ansprechpartner, denn für solche **Verhaltensveränderungen** gibt es immer eine Ursache. Diese ggf. mithilfe von speziellen Untersuchungen herauszufinden, ist Sache des Tierarztes.

Fütterung

Die Futtermenge, die Ihr Hund bekommt, sollte seinen Bedürfnissen entsprechen. Ein erwachsener Hund sollte weder zu- noch abnehmen. Achten Sie daher stets auf das Gewicht Ihres Hundes. Ideal ist es, den Hund schlank und agil zu halten, denn viele Hunde neigen dazu, mehr zu fressen als ihnen gut tut. Die Ernährung mit Fertigfutter ist praktisch und in den meisten Fällen auch in der Zusammensetzung ausgewogen. Mittlerweile gibt es für die jeweiligen Bedürfnisse spezielle Futtermittel (z. B. Welpen-, Junghund-, Senior-, Diät-, Leistungs- oder Allergikerfutter).

Damit der Hund, besonders wenn er einer großen Rasse angehört, nicht zu große Futtermengen auf einmal aufnimmt, empfiehlt es sich, die vorgesehene Ration mindestens auf zwei Portionen täglich aufzuteilen.

Achtung: Besonders bei großen Rassen kann sich im Unglücksfall der Magen um sich selbst drehen. Dabei schnüren sich Magenein- und -ausgang und bestimmte Blutgefäße zu. Die **Magendrehung** wird durch Toben nach dem Fressen begünstigt. Sie ist eine lebensbedrohliche akute Notfallsituation. Der Hund muss sofort operiert werden. Symptome sind u. a. Unruhe, Schmerzen, ein aufgeblähter Bauch und Kreislaufschwäche.

Um die Gefahr einer Magendrehung klein zu halten, sollte der Hund nach der Mahlzeit nicht spielen und toben dürfen.

Tipp: Weil Hunde nicht zwingend darauf angewiesen sind, pünktlich und zu bestimmten Tageszeiten zu fressen, kann man auch Futter als Bezahlung gegen gute Leistung verteilen. So erhält der Hund, indem man ihn über den Tag verteilt immer wieder ein paar kurze Übungen machen lässt, viel Beschäftigung und Abwechslung und fühlt sich besser in die Familie oder den Tagesablauf integriert.

Ein paar Daten zur Sexualität

Hündinnen werden normalerweise zweimal im Jahr läufig. Die **Läufigkeit** (Hitze) dauert im Durchschnitt drei Wochen. Anzeichen der Läufigkeit sind, dass die Vulva anschwillt und die Hündin ein zunächst blutiges, später klares Sekret aus der Scheide absondert. Dieses Sekret enthält Duftstoffe. Rüden werden hierdurch angelockt. Zu Beginn der Läufigkeit lässt sich die Hündin aber noch nicht decken, sondern beißt die Rüden weg. Erst um den 11. bis 13. Tag beginnt die fruchtbare Zeit. Bei einzelnen Hündinnen kann diese Phase schon früher beginnen oder sich länger als drei Tage hinziehen. Man spricht davon, dass die Hündin während dieser Zeit „steht“.

Der **Deckakt** bei Hunden dauert zwischen fünf und über dreißig Minuten. Während dieser Zeit sind Rüde und Hündin nicht ohne erhebliche Verletzungen voneinander zu trennen.

Trennungsversuche von Hündin und Rüde während des Deckaktes führen zu schweren Verletzungen der Tiere!

Während des Deckaktes steigt zwar der Rüde nach einiger Zeit von der Hündin ab, dennoch sind beide über den Penis miteinander verbunden – sie „hängen". Erst wenn der Schwellkörper des Rüden abgeschwollen ist, trennen sich die Tiere wieder. Auch für den Fall einer ungewollten Bedeckung bleibt einem in dieser Situation nichts als abzuwarten und sofort danach in Ruhe mit dem Tierarzt zu beraten, ob die Hündin Welpen bekommen oder ob durch Hormonspritzen eine Abtreibung eingeleitet werden soll.

Geschlechtsreife

Rüden sind nach dem Eintritt der Geschlechtsreife ganzjährig zeugungsfähig. Die Geschlechtsreife bei Rüden setzt bei kleinen Rassen mitunter schon mit fünf Monaten ein. **Hündinnen** sind ab der ersten Läufigkeit geschlechtsreif. Erstmals läufig werden sie meist zwischen dem 7. und 11. Lebensmonat. Auch in dieser ersten Läufigkeit kann eine Hündin schon erfolgreich gedeckt werden.

Weil die Hündin zu diesem Zeitpunkt körperlich noch nicht ausgewachsen ist, ist dringend davon abzuraten, die Hündin schon in der ersten Hitze decken zu lassen.

Welpen unerwünscht

Wenn man keine Nachkommen produzieren möchte, muss man in der Zeit, in der die Hündin „steht", gut aufpassen, denn Rüden und Hündinnen wenden nicht selten raffinierte Tricks an, um zueinander zu kommen. Hierbei legen sie mitunter auch größere Distanzen zurück.

Man kann sowohl Hündinnen als auch Rüden beim Vorliegen einer durch einen Tierarzt festgestellten medizinischen Indikation **kastrieren**. Sie werden hierbei durch das Entfernen der Keimdrüsen zeugungsunfähig gemacht. Man entfernt dazu bei Rüden die Hoden, bei Hündinnen die Eierstöcke und eventuell die Gebärmutter.

Bei der **Sterilisation** (ein heutzutage eher unübliches Verfahren) werden die Keimdrüsen nicht entfernt, sondern nur Samenleiter bzw. Eileiter durchtrennt. Dabei verlieren die Tiere ihr normales Sexualverhalten mit all seinen typischen Erscheinungen nicht, denn in den normalen Hormonrhythmus wird nicht eingegriffen. Allerdings bleiben Deckakte unfruchtbar.

Bei Hündinnen kann man die Läufigkeit auch mit Hormongaben unterdrücken, jedoch hat dies eine Reihe von teilweise gravierenden Nebenwirkungen. Auch bei Rüden ist eine Beeinflussung des Sexualverhaltens mit Hormonen möglich und mit wesentlich weniger unerwünschten Nebenwirkungen behaftet. Die Wirkdauer liegt je nach Präparat zwischen vier Wochen und zwölf Monaten.

Über mögliche individuelle Vor- und Nachteile der hormonellen Einflussnahme berät Sie Ihr Tierarzt.

Der Hund in der Öffentlichkeit

Die Hundehaltung löst immer wieder Diskussionen zwischen Hundefreunden und Hundegegnern aus. Die einen möchten ihren Hund möglichst unbeschwert überall mit hinnehmen können, die anderen möchten am liebsten überhaupt keinen Hund mehr sehen, vor allem nicht in der Stadt. Dazwischen gibt es alle möglichen Übergangsformen in der Einstellung Hunden gegenüber.

Weiterhin gibt es nicht von der Hand zu weisende Probleme durch Verschmutzungen mit Hundekot und auch Beißvorfälle erregen Aufsehen. Jeder Beißvorfall, bei dem ein Mensch verletzt wird, ist selbstverständlich einer zu viel. Hier muss sich jeder einzelne Hundehalter klar machen, dass aggressives Verhalten zum Normalverhalten des Hundes dazugehört. Der Hundehalter sollte deshalb vorausschauend handeln und sorgfältig eine gute Kontrolle über den Hund aufbauen.

Unterwegs

Niemand sollte sich in der Öffentlichkeit von einem Hund belästigt oder bedroht fühlen. Ein häufiger Grund für Ärgernisse ist das **Anspringen.** Selbst ein freundliches Anspringen zum Hallo-sagen findet bei fremden Menschen kein Verständnis, denn die Kleidung kann beschmutzt werden oder die Person kann sogar stürzen.

Gestatten Sie es Ihrem Hund auch zu Hause nicht, dass er an Personen hochspringt.

Bei Begegnungen und dem Zusammensein von **Kindern** und Hunden muss immer ein Erwachsener das Treiben überwachen, um jederzeit eingreifen zu können. Hunde und Kinder haben einfach zwei verschiedene Sprachen. Sowohl Hunde als auch Kinder können sich plötzlich voreinander erschrecken und sich sogar bedroht fühlen. Es wäre schade, wenn Ihr Hund plötzlich nichts mehr mit Kindern zu tun haben möchte, nur weil er eine aus seiner Sicht unangenehme Situation erlebt hat.

Fühlt sich ein Hund von einem Kind bedroht, reagiert er darauf im Rahmen seines arteigenen Sozialverhaltens. Weil das Kind warnende Signale nicht versteht, kann es sein, dass der Hund deutlicher durchgreift. Die meisten Bissverletzungen bei Kindern entstehen durch den eigenen oder einen gut befreundeten Nachbarshund. Das liegt nicht daran, dass der entsprechende Hund bösartig wäre, er kann sich aber nur wie ein Hund verhalten.

Nachjagen hinter Joggern, Fahrradfahrern oder Inline-Skatern sowie allen schnell beweglichen Objekten ist eine besondere Verlockung für Hunde.

Selbst wenn dabei nichts passiert, für den betroffenen Menschen ist die

Situation sehr unangenehm. Ein hinterhergerufenes „Der tut nichts!" entschärft die Lage keinesfalls. Zum einen kann das niemand wirklich garantieren, und belästigt fühlt sich der Betroffene allemal.

Was für einen Hundefreund sicherlich am schwersten nachvollziehbar ist, ist die Tatsache, dass es Menschen gibt, die einfach **Angst vor Hunden** haben. Solche Menschen können schon bei der bloßen Vorstellung, einen Hund in der Nähe zu haben, in panische Angst verfallen. Das sollte man respektieren und seinen Hund immer festhalten, wenn eine Person entgegenkommt, die ängstlich wirkt oder sogar sagt, dass sie Angst hat.

Im **Straßenverkehr** sollten Sie bedenken, dass andere Verkehrsteilnehmer durch einen frei laufenden Hund verunsichert werden können. Auch ein „straßensicherer" Hund kann durch eine Verkettung unglücklicher Umstände einen Unfall verursachen oder selbst von einem Auto überfahren werden.

Bei Begegnungen mit **Reitern** sollte man seinen Hund grundsätzlich unter Kontrolle nehmen, weil manche Pferde auch bei ruhigen und freundlichen Hunden ängstlich reagieren und dadurch Unfälle passieren können.

Wenn Sie einem Blinden mit **Führhund** oder einem Rollstuhlfahrer mit **Behindertenbegleithund** begegnen, halten Sie bitte mit Ihrem Hund ausreichend Abstand. Diese arbeitenden Hunde müssen genug Ablenkungen widerstehen, zusätzliche Verleitungen sollte man vermeiden. Es kann sonst zu gefährlichen Situationen für die behinderten Menschen kommen.

Hochspringen oder gar Anklammern ist absolut kein gutes Benehmen.

Hundebegegnungen auf der Straße gehören zum Alltag jeden Hundebesitzers. **An der Leine** reagieren viele Hunde häufig aggressiver als gewöhnlich, weil sie sich nicht mehr so bewegen können wie es der Sozialkontakt erfordert.

Passen Sie unbedingt auf, dass sich niemals die Leinen von zwei Hunden verheddern, weder bei den besten Spielkumpeln noch bei fremden Hunden. Ungewollt aneinandergekettet zu sein, führt zu Unsicherheit auf beiden Seiten. Die Hunde kommen nicht mehr voneinander los, wie es in der Situation angemessen wäre. Die Folge kann eine Beißerei mit schweren Verletzungen auf beiden Seiten sein.

Kommt es zu einer **Rauferei** unter Hunden, ist es am besten, wenn beide Besitzer in **entgegengesetzte Richtungen weggehen.** Lassen Sie die Hunde die Sache untereinander klären. Jegliches Eingreifen führt nur zu einer Verschärfung der Situation. Die Hunde fühlen sich angefeuert oder werden in ihrer Auseinandersetzung derartig gestört, dass dadurch Verletzungen entstehen. Ein Eingreifen schadet nicht nur den Hunden, sondern birgt auch ein großes Verletzungsrisiko für den Menschen.

Aber auch bei Begegnungen **frei laufender** Hunde kann es zu einer angespannten oder kritischen Situation kommen. In aller Regel wird diese entschärft durch ruhiges, zügiges Weitergehen beider Besitzer in entgegengesetzter Richtung.

Jeder Hundebesitzer, der seinen Hund festhält, hat dafür einen Grund. Stellen Sie sich vor, Sie gehen gerade mit Ihrem frisch operierten Hund kurz zum Erledigen seines Geschäfts nach draußen. Und plötzlich kommt ein großer Hund auf Ihren zugestürzt und der Besitzer erklärt dabei von Ferne, dass sein Hund nichts tue und nur spielen wolle. Das hilft in diesem Moment absolut nicht weiter.

Klären Sie immer erst, ob der andere Hundebesitzer Kontakt zwischen den Hunden wünscht oder nicht.

„Goldi" lernt ruhig und entspannt sitzen zu bleiben, egal wer vorbeigeht. Ein Halti erleichtert dem Besitzer die Kontrolle.

Kontrolliertes Aussteigen aus dem Auto muss gelernt und geübt werden.

Ein weiterer Grund, warum ein Kontakt nicht erwünscht sein kann, ist die **Läufigkeit** einer Hündin. Über die gesamte Dauer sollte man in Gegenden spazieren gehen, in denen möglichst wenige Hunde anzutreffen sind. Die Hündin setzt während der Läufigkeit häufig Harnmarkierungen ab, um Rüden auf sich aufmerksam zu machen. Das Resultat sind Rüden, die die Angebetete verfolgen und ihre Wohnung belagern. Das liegt weder im Interesse des Besitzers der Hündin noch des Rüden. Zu beachten ist auch, dass manche Hündinnen sich während der Läufigkeit mit vermeintlichen Konkurrentinnen messen wollen und dann aggressiver als gewöhnlich reagieren. Alle gute Erziehung kann plötzlich vergessen sein, wenn sich für die Hündin die Gelegenheit bietet, mit einem Liebhaber durchzubrennen. Halten Sie daher Ihre liebeshungrige Dame oder Ihren verliebten Kavalier am besten an der Leine.

Hundekot an Stellen, wo sich Menschen in der Öffentlichkeit aufhalten, ist wohl das größte Ärgernis im Zusammenhang mit der Haltung von Hunden. Keiner tritt gerne in einen Hundehaufen. Bei kleinen Kindern ist es besonders eklig, wenn sie in einen Hundehaufen fallen. Und kleine Kinder fallen oft hin!

Tragen Sie dazu bei, dass nicht so viel Hundekot liegen bleibt und sammeln Sie die Hinterlassenschaften Ihres Hundes in der Stadt auf. Die Entrichtung der Hundesteuer befreit nicht von dieser Pflicht.

Konflikte vermeiden

Als verantwortungsbewusster Hundehalter und vor allem als Hundefreund sollten Sie generell versuchen, Konflikte zu vermeiden. Freuen Sie sich statt dessen, wenn andere Menschen Interesse an Ihrem Hund zeigen und vielleicht Fragen stellen. Die beste Werbung ist Ihr gut erzogener, freundlicher Hund, der niemandem auffällt. Wenn Sie Ihren Hund mit in ein Restaurant nehmen und beim Verlassen sind alle erstaunt, wo der Hund plötzlich herkommt, dann hinterlässt das einen besonders guten Eindruck. Wenn Sie als Hundehalter rücksichtsvoll und aufgeschlossen mit Ihren Mitmenschen umgehen, werden diese Ihnen auch offener begegnen.

Hund und Recht

Für Hundebesitzer wäre es sehr praktisch, wenn es ein einziges „Hundegesetz“ gäbe, in dem man alle Vorschriften finden könnte. Aber dem ist leider nicht so. In Deutschland werden Gesetze und Verordnungen einerseits von der Bundesregierung erlassen, andererseits von den einzelnen Ländern und zusätzlich haben auch die Gemeinden und Kommunen die Möglichkeit zu eigenen Regeln. Daher hat jedes Bundesland eigene Hundeverordnungen und jede Stadt oder Kommune eigene Vorschriften, die den Hundehalter betreffen können, von Hausordnungen und ähnlichen Regelungen ganz zu schweigen.

So ist z. B. die **Leinenpflicht** besonders verwirrend. Sie wird sowohl durch Gesetze des Bundes, der Länder und der Kommunen geregelt. Sie ist unter anderem abhängig von der Umgebung, also davon, ob man sich in einem Naturschutzgebiet, einer Kleingartenkolonie oder einem anderen definierten Gebiet bewegt.

Grundsätzlich ist ein Gesetz immer einer Verordnung übergeordnet. Weiterhin haben bundesweit geltende Bestimmungen die höhere Gewichtung. Länder können nur in dem Umfang Vorschriften erlassen, wie es vom Bund vorgegeben ist. Die beste Möglichkeit ist, sich gezielt die Informationen zu holen, die am Wohnort gelten, und im Not-/Streitfall möglichst früh fachkundigen Rat einzuholen.

Aus den verschiedenen Rechtsgebieten sind nachfolgend einige wichtige Inhalte aufgeführt. Keines der Rechtsgebiete kann hier jedoch vollständig behandelt werden. Dazu gibt es Spezialliteratur (siehe Anhang S. 118).

Grundgesetz

Tiere sind seit einer Änderung vom 26. Juli 2002 in das Grundgesetz im Artikel 20 a aufgenommen worden: „Der Staat schützt auch in Verantwortung für die künftigen Generationen die natürlichen Lebensgrundlagen **und die Tiere** im Rahmen der verfassungsmäßigen Ordnung durch die Gesetzgebung und nach Maßgabe von Gesetz und Recht durch die vollziehende Gewalt und die Rechtsprechung.“

Tierschutzrecht

„Der Zweck dieses Gesetzes ist es, aus der Verantwortung des Menschen für das Tier als Mitgeschöpf dessen Leben und Wohlbefinden zu schützen. Niemand darf einem Tier ohne vernünftigen Grund Schmerzen, Leiden oder Schäden zufügen.“ (§1 TierSchG)

Jeder Tierhalter muss die erforderlichen Fähigkeiten und Kenntnisse haben, um ein Tier seinen Bedürfnissen entsprechend ernähren, pflegen, bewegen und verhaltensgerecht unterbringen zu können. Hat man sich ein Tier angeschafft, trägt man die Verantwortung dafür – auch für eine Vermittlung, falls man sein Tier nicht mehr halten kann oder möchte. Das Wohlbefinden eines Hundes liegt natürlich nicht nur in seiner Verpflegung und Unterbringung, sondern auch darin, wie er sich fühlt. Ständige oder wiederkehrende Angst ist ein häufig unterschätztes Problem. Zeigen sich bei Ihrem Hund Anzeichen von Angst, suchen Sie bitte mit professioneller Hilfe (siehe Adressen S. 127) nach Lösungen!

Seit Juli 2014 benötigen auch Hundetrainer bei der zuständigen Behörde die Erlaubnis, ihre Tätigkeit auszuüben. So soll tierschutzkonformes Hundetraining erreicht werden.

Das vollständige oder teilweise Amputieren von Körperteilen oder Organen ohne tierärztliche Notwendigkeit ist verboten. Ausgenommen hiervon sind unverständlicherweise jagdlich geführte Hunde, denen weiterhin die Rute kupiert werden darf. Eine sinnvolle Ausnahme ist die Erlaubnis für Kastrationen. Leider gibt es noch keine bundeseinheitliche Regelung für das Erteilen der Erlaubnis. Daher kann die Erlaubnis abhängig sein von einer Überprüfung der Bescheinigungen über theoretische Seminare bis hin zu Überprüfungen der Trainingsmethoden.

Grundsätzlich gilt auch im Hundetraining, dass man einem Tier ohne vernünftigen Grund keine Schmerzen, Leiden oder Schäden zufügen darf. An einen vernünftigen Grund werden hohe Anforderungen gestellt. Ein privates Interesse, wie die Erziehung eines Hundes oder die persönliche Entscheidung zu einer bestimmten Trainingsmethode, wird darunter nicht verstanden. Ebenfalls ist es kein vernünftiger Grund, über Training Schmerzen, Leiden oder Schäden zuzufügen, wenn der betroffenen Person keine anderen Lösungen mehr einfallen, als Strafen anzuwenden. Beobachten Sie in jedem Fall Ihren Hund beim Training. Wenn Ihr Hund sich wohlfühlt und sie mit ihm Fortschritte machen, sind sie auf dem richtigen Weg.

„Einem Hund ist ausreichend Auslauf im Freien außerhalb eines Zwingers oder einer Anbindehaltung sowie ausreichend Umgang mit der Betreuungsperson zu gewähren. Auslauf und Sozialkontakte sind der Rasse, dem Alter und dem Gesundheitszustand des Hundes anzupassen."

Tierschutz-Hundeverordnung

Diese Verordnung enthält Vorschriften für das Halten von Hunden im Freien und in Räumen, das Züchten von Hunden und das Ausstellungsverbot für kupierte Hunde.

Falls es sich um einen einzeln gehaltenen Hund handelt, muss er täglich mehrmals die Möglichkeit zu einem längeren Umgang mit Betreuungspersonen haben, um seinem Gemeinschaftsbedürfnis gerecht zu werden.

Die Haltung im Freien ist nur im Zwinger oder in Form einer Anbindehaltung an einer Laufvorrichtung zulässig. Kettenhaltung ist grundsätzlich verboten. Der Hund muss eine Schutzhütte aufsuchen können und zusätzlich einen witterungsgeschützten, schattigen Liegeplatz mit wärmegedämmten Boden haben. Ein Zwinger muss für einen Hund mit 50–65 cm Widerristhöhe mindestens 8 m^2 groß sein, für noch größere Hunde mindestens 10 m^2. Eine Laufvorrichtung muss mindestens 6 m lang sein und einen seitlichen Bewegungsspielraum von mindestens 5 m haben. Sie muss zweimal täglich kontrolliert werden, ein Zwinger einmal täglich. Der Kot muss täglich entfernt und vorhandene Mängel sofort behoben werden.

Ist der Tageslichteinfall nur gering, müssen die Räume zusätzlich entsprechend dem natürlichen Tag-Nacht-Rhythmus beleuchtet werden. Außerdem muss eine ausreichende Frischluftversorgung gewährleistet sein. Natürlich gelten auch hier die Anforderungen an Auslauf und Sozialkontakten.

Tierseuchenrecht

Dieses Gesetz regelt die Seuchenbekämpfung, die Haustiere betreffen, wie unter anderem die Tollwut.

Tollwutverordnung

Wenn ein Hund unter Tollwutverdacht steht oder Kontakt mit einem tollwutkranken Tier hatte, muss er sofort getötet werden, sofern er keinen nachweislich wirksamen Impfschutz besitzt. Es gibt nur spezielle Ausnahmen von dieser Tötungspflicht. Ein geimpfter Hund braucht lediglich behördlich beobachtet und erneut geimpft zu werden. Die Maßnahmen zur Bekämpfung der Tollwut sind deshalb so drastisch, weil die Tollwut auch beim Menschen immer tödlich verläuft. Es ist also dringend notwendig, seinen Hund regelmäßig gegen Tollwut impfen zu lassen. Ein nachweislich wirksamer Impfschutz besteht dann, wenn Wiederholungsimpfungen in den Zeitabständen durchgeführt worden sind, wie es der Impfstoffhersteller angibt, was bis zu drei Jahren sein kann. Bei der Erstimpfung von Welpen im Alter von mindestens drei Monaten muss zusätzlich berücksichtigt werden, dass die Grundimmunisierung mindestens 21 Tage zurückliegt. In tollwutgefährdeten Gebieten dürfen Hunde nur dann frei laufen, wenn sie geimpft sind und von einer Person begleitet werden, der sie zuverlässig gehorchen.

Grundsätzlich müssen Hunde außerhalb der Wohnung und sicher eingezäunter Grundstücke ein Halsband oder ähnliches mit einer Steuermarke oder mit dem Namen und der Anschrift ihres Besitzers tragen.

Reisen mit Hund

Die EU strebt einen einheitlichen Verkehr mit Heimtieren an. Daher muss jeder Hund zum Verreisen mit einem elektronischen Transponder gekennzeichnet sein und einen EU-Heimtierausweis haben. In diesem Ausweis muss eine gültige Tollwutschutzimpfung aufgeführt sein. Eine Erstimpfung gegen Tollwut ist 21 Tage nach der Impfung gültig. Ein Welpe muss bei Erstimpfung mindestens 12 Wochen alt sein, sodass eine Einreise nach Deutschland frühestens mit 15 Wochen möglich ist.
Bei Reisen nach Groß-Britannien, Irland, Malta und Finnland müssen Hunde zusätzlich 24 bis 120 Stunden vor der Einreise gegen Bandwürmer behandelt worden sein, was mit einer Präparatangabe vom Tierarzt im EU-Heimtierausweis eingetragen werden muss. Das Impfen gegen andere Infektionskrankheiten (Parvovirose, Staupe, Leptospirose, Hepatitis contagiosa canis) ist in der Regel erwünscht.

Das Mitbringen von Hunden mit unbekanntem Impfstatus aus nicht EU-Ländern wird je nach Tollwutsituation des jeweiligen Landes gehandhabt. Bei vielen Drittländern bedeutet das, dass ein mitgebrachter Hund vor der Einreise nicht nur geimpft werden muss, sondern zusätzlich nach frühestens 30 Tagen nach der Impfung ein Antikörpernachweis erbracht werden muss. Eine Einreise ist erst nach mindestens drei Monaten nach Abnahme der Probe möglich.

Bei Reisen in Länder außerhalb der EU ist es ratsam, sich frühzeitig beim

Haustierarzt oder dem Konsulat des geplanten Urlaubslandes über Einreisebestimmungen zu erkundigen, um zeitlich gut vorbereitet zu sein. Denn durch ein gefordertes Mindestalter des Hundes bei der Einreise und zu erbringende Nachweise kann eine Planung von mehreren Monaten vor Reiseantritt notwendig sein. Gibt es für die Einreise eine Quarantänepflicht oder besteht ein besonderes Risiko für Krankheitsmitbringsel, sollten Sie auf die Mitnahme Ihres Hundes verzichten.

Für Reisen in südliche Länder sollten Sie sich zum Wohle Ihres Hundes über das Risiko vor Ansteckung mit besonderen Krankheiten bei Ihrem Haustierarzt informieren. Mit ihm können Sie überlegen, ob es wirksame Schutzmaßnahmen gibt und sie rechtzeitig vornehmen.

Gesetz zur Bekämpfung gefährlicher Hunde

Dieses Gesetz umfasst das „Gesetz zur Beschränkung des Verbringens oder der Einfuhr gefährlicher Hunde in das Inland“ und die dafür notwendigen Änderungen im Tierschutzgesetz und im Strafgesetzbuch.

Als gefährliche Hunde gelten Pitbull-Terrier, American Staffordshire-Terrier, Staffordshire-Bullterrier, Bullterrier und Kreuzungen dieser Rassen sowie die Hunde, die das jeweilige Bundesland als gefährlich bestimmt hat.

Alle Hunde, für die nach den Vorschriften des Landes, in dem sie ständig gehalten werden sollen, eine Gefährlichkeit vermutet wird, dürfen nicht aus dem Ausland eingeführt werden. Bei der Durchsetzung dieser Bestimmungen sind alle Personen dazu verpflichtet, die notwendigen Untersuchungen in jeder Hinsicht zu unterstützen. Von der zuständigen Behörde beauftragte Personen dürfen sogar zur Verhütung dringender Gefahren für die öffentliche Sicherheit und Ordnung Grundstücke, Geschäftsräume, Wirtschaftsgebäude, Transportmittel und Wohnräume des Auskunftpflichtigen betreten. Das Grundrecht der Unverletzlichkeit der Wohnung (Artikel 13 des Grundgesetzes) wurde in diesem Punkt eingeschränkt.

Durch dieses Gesetz werden die Hundeverordnungen der einzelnen Bundesländer unterstützt.

Verordnung über Ausnahmen zum Verbringungs- und Einfuhrverbot von gefährlichen Hunden in das Inland

Nach dem Gesetz zur Bekämpfung gefährlicher Hunde wurde diese Verordnung zur Regelung von Ausnahmen aus dem Gesetz erlassen. Einige gefährliche Hunde dürfen unter Mitführung und gegebenenfalls Vorlage bestimmter amtlicher Bescheinigungen ins Inland eingeführt werden. Hierzu zählen Dienst-, Blinden- und Behindertenbegleithunde sowie Hunde des Katastrophen- und Rettungsschutzes.

Auch Urlaubsreisende finden in dieser Verordnung Beachtung. So dürfen Hunde, die in ihrem Bundesland berechtigt gehalten werden, nach der

Urlaubsreise wieder eingeführt werden. Genauso dürfen Hunde aus dem Ausland nach Deutschland mitgenommen werden. Allerdings brauchen diese Hunde sogar noch eine amtliche Bescheinigung, dass sie bisher noch nicht als gefährlich aufgefallen sind.

Weiterhin muss eine Bescheinigung der Zollbehörden mit dem Einfuhrdatum mitgeführt werden, so dass überprüft werden kann, wie lange sich der jeweilige Hund bereits im Inland aufhält. Soll der Hund nämlich länger als vier Wochen in Deutschland bleiben, muss dafür ein gesonderter Antrag gestellt werden. Dauerhaft dürfen gefährliche Hunde nur ins Inland eingeführt werden, wenn sie in ihrem Bestimmungsland berechtigt gehalten werden dürfen.

„Hundeverordnungen"

Die einzelnen Bundesländer haben Rechtsvorschriften erlassen, die das Halten und Führen von Hunden regeln. Darunter fallen auch die Regelung von Einfuhrmöglichkeit, Mitnahmeverboten und Leinenpflicht. Es wird festgelegt, welche Hunde als gefährlich anzusehen sind und wie sie gehalten werden dürfen oder müssen.

Straßenverkehrsordnung

„Es ist verboten, die Straße zu beschmutzen oder zu benetzen oder Gegenstände auf die Straße zu bringen und dort zu lassen, wenn dadurch der Verkehr gefährdet oder erschwert werden kann." Dies gilt auch für Hundekot. Derjenige, der für solche verkehrswidrigen Zustände verantwortlich ist, hat sie unverzüglich zu beseitigen. Gemäß der Straßenverkehrsordnung sind Tiere, die den Verkehr gefährden können, von der Straße fernzuhalten. Sie sind nur zugelassen, wenn sie von geeigneten Personen begleitet sind, die ausreichend auf sie einwirken können.

Es ist verboten, Tiere von Kraftfahrzeugen aus zu führen. Von Fahrrädern aus dürfen nur Hunde geführt werden. Wird ein Unfall durch ein Tier verursacht, haftet der Tierhalter genauso wie ein Fahrzeughalter, durch dessen Fahrzeug ein Unfall verursacht wurde.

Lasten und auch Tiere müssen so verstaut werden, dass die sichere Fahrzeugbeherrschung nicht beeinträchtigt wird. So kann beispielsweise die Beförderung eines Hundes im Fußraum des Beifahrers ohne Sicherungsmaßnahmen als grobe Fahrlässigkeit bewertet werden. Als „gesichert" gilt der Hund, wenn er mit einem TÜV-geprüften Anschnallgurt auf der Rückbank oder hinter einem fest installierten Hundegitter im Kofferraum mitfährt. Auch durch eine sicher befestigte Transportbox werden die gesetzlichen Bestimmungen erfüllt.

Abfallgesetz

Hundekot ist Abfall. Zur Wahrung des Wohls der Allgemeinheit ist der Hundebesitzer zu einer geordneten Entsorgung dieses Abfalls verpflichtet.

Hundesteuer

Die Kommunen sind per Gesetz der jeweiligen Bundesländer befugt, die Hundesteuer festzusetzen. Die Höhe der Hundesteuer obliegt der willkürlichen Festlegung der einzelnen Kommunen. Ein Hundehalter ist verpflichtet, die Haltung eines Hundes anzuzeigen und die Hundesteuer zu entrichten. Bei einer Nichtbeachtung dieser Pflicht ist der Tatbestand der Steuerhinterziehung erfüllt.

Strafrecht

Einer begangenen Straftat folgt eine gerichtliche Bestrafung, die auch als Freiheitsstrafe ausgesprochen werden kann. Es gibt eine Unterscheidung zwischen einer vorsätzlichen und einer fahrlässigen Straftat. Der Vorsatz ist das absichtliche Begehen der Straftat. Bei der Fahrlässigkeit ist der Täter seinen Sorgfaltspflichten nicht nachgekommen. Wenn ein Hundehalter weiß, dass sein Hund Menschen beißt, kann er wegen fahrlässiger Körperverletzung schuldig werden. Ein Hundehalter, der seinen bissigen Hund absichtlich auf einen Menschen hetzt, macht sich hingegen der vorsätzlichen Körperverletzung schuldig.

Das Nichtbeseitigen von Hundekot von Spielplätzen, Liegewiesen oder Ähnlichem kann deshalb als fahrlässige Straftat verfolgt werden, weil Keime und Wurmeier im Hundekot bei Menschen und Tieren „gemeingefährliche und übertragbare Krankheiten“ verursachen können.

Ordnungswidrigkeitenrecht

Das Ordnungswidrigkeitenrecht befasst sich mit Verstößen gegen bestehende Rechtsvorschriften, die nicht unter das Strafgesetz fallen. Eine Ordnungswidrigkeit wird im Gegensatz zu einer Straftat nur mit Geldbußen geahndet. Im Ordnungswidrigkeitenrecht gibt es eine besondere Regelung über das Halten gefährlicher Tiere. Als gefährlich wird ein Tier einer wild lebenden Art oder ein bösartiges Tier bezeichnet. Ein solches Tier darf man nicht frei laufen lassen. Weiterhin muss ein Verantwortlicher für die Beaufsichtigung eines solchen Tieres die nötigen Vorsichtsmaßnahmen ergreifen, um Schäden durch das Tier zu verhüten.

Zivilrecht

Im Bürgerlichen Gesetzbuch sind Bestimmungen zu finden, die bei wesentlichen Lärm- und Geruchsbelästigungen und der Ablage von Kot durch Tiere Anwendung finden. Das Eindringen eines Tieres auf ein fremdes Grundstück fällt unter den Bereich der Eigentums- bzw. Besitzstörung.

Der Mietvertrag ist im Bürgerlichen Gesetzbuch definiert, dabei wird aber nicht auf die **Tierhaltung in Mietwohnungen** eingegangen. Sofern im Mietvertrag nichts Gegenteiliges steht, kann der Mieter davon ausgehen, dass er einen Hund halten darf, solange andere Mietparteien nicht erheblich belästigt werden. In der Regel steht in den gängigen Mietverträgen, dass eine

Hundehaltung nur nach Genehmigung des Vermieters erfolgen darf. Demnach ist der Mieter verpflichtet, die Genehmigung für die Hundehaltung bei dem Vermieter einzuholen. Wenn bereits anderen Mietparteien die Hundehaltung erlaubt wurde, kann sie einem einzelnen Mieter nicht mehr ohne sachliche Gründe verboten werden. Hat ein Vermieter über einen längeren Zeitraum von der Tierhaltung gewusst und sie geduldet, entspricht das einer stillschweigenden Genehmigung. Allerdings kann der Vermieter eine Abschaffung des Tieres wegen sachlicher Gründe verlangen, wie z. B. bei Belästigung oder Gefährdung der anderen Mieter.

Grundsätzlich haftet ein Tierhalter für die Schäden, die sein Tier verursacht. Wenn sich jemand bewusst einer Gefahr aussetzt, kann das zu einer Minderung der **Haftung** führen. Jemand, der einen fremden Hund streichelt, setzt sich absichtlich einer Gefährdung durch den Hund aus. Tritt in solch einer Situation tatsächlich ein Schaden auf, kann es sein, dass der Hundebesitzer nicht vollständig dafür aufkommen muss. Noch größer sind die Auswirkungen, wenn jemand versucht, raufende Hunde zu trennen. Die Gefahr, dabei gebissen zu werden, ist besonders groß und in der Regel vermeidbar, weil man sich nicht in die Rauferei einzumischen braucht. Mischt man sich dennoch ein, kann sogar die Verpflichtung zum Schadensersatz durch den Besitzer des Hundes, der zugebissen hat, ganz entfallen. Wenn aus einem so entstandenen Hundebiss gar eine Berufsunfähigkeit resultiert, sind die Folgen für die betreffende Person besonders gravierend.

Letzten Endes muss jeder Hundebesitzer für alles, was sein Hund tut oder verursacht, geradestehen. Daher ist es ratsam, eine Hundehalter-Haftpflichtversicherung abzuschließen.

Bei **Autofahrten** ist eine sichere Unterbringung des Hundes sehr wichtig. Zum einen darf der Hund nicht zu einer Ablenkung oder Behinderung für den Fahrer werden und so zu einem erhöhten Unfallrisiko beitragen. Zum anderen kann ein Hund im Falle eines Unfalls als ein gefährliches Geschoss durchs Auto fliegen und sich und mitfahrende Menschen verletzen. Stellen Sie sicher, dass Ihr Hund während der Fahrt nicht auf den Schoß des Fahrers oder in die Nähe der Pedale und der Schaltung gelangen kann. Eine sorgfältige Unterbringung Ihres Hundes im Auto trägt zur Sicherheit im Verkehr bei. Ist ein Hund nicht fachgerecht im Wagen untergebracht, kann es im Falle eines Unfalls zu Problemen mit Versicherungen kommen.

Reisen mit der Bahn – Zug fahrende Hunde müssen angeleint sein und einen geeigneten Maulkorb tragen. Nur Blindenführhunde sind von der Maulkorbpflicht befreit. Ausnahmen gibt es für Hunde, die höchstens so groß wie eine Katze sein dürfen und in einem Transportbehälter transportiert werden. Die Bahn darf als privates Unternehmen diese Regelungen aufstellen.

Der Hundeführerschein

Hundeführerschein

Der Begriff Hundeführerschein hat sich landläufig als Oberbegriff für eine Prüfung eingebürgert, bei der der Hundehalter in verschiedenen alltäglichen Situationen unter Beweis stellen muss, dass er seinen Hund sicher und kontrolliert führen kann. In manchen Fällen ist auch eine theoretische Wissensüberprüfung Inhalt des Hundeführerscheins.

In Deutschland gibt es eine Vielzahl unterschiedlicher Hundeführerschein-Modelle. Manche von ihnen sind entstanden, um die Anforderungen der ebenfalls in den einzelnen Bundesländern in Bezug auf die Hundehaltung sehr unterschiedlichen Gesetze und Verordnungen abzudecken, andere wiederum spiegeln hundeschul-, club- oder vereinsinterne Regeln wider.

Als Hundehalter unterliegt man grundsätzlich der Pflicht, die in dem jeweiligen Bundesland gültigen Bestimmungen des Gesetzgebers einzuhalten. Es ist daher sinnvoll, stets darüber informiert zu sein, welche Regelungen für den eigenen Hund gelten und welche Prüfungen anerkannt werden.
Die Hunde können je nach Rassezugehörigkeit, Alter oder Körpergröße bestimmten Auflagen, wie Leinen- oder Maulkorbpflicht, unterliegen. Aber auch der Halter muss in manchen Ländern seine Sachkenntnis in einem sogenannten Sachkundenachweis unter Beweis stellen. Dieser bezieht sich teils alleinig auf die theoretischen Kenntnisse des Halters (Beispiel: 20/40er-Sachkundenachweis für Hundehalter in NRW) oder umfasst eine theoretische und praktische Prüfung (Beispiel: Niedersachsen). Mitunter dient die praktische Überprüfung des Hundes auch als Grundlage für die Erteilung einer besonderen Freilauf-Erlaubnis (Beispiel: Hamburg).

Die theoretische Prüfung

In den meisten Hundeführerschein-Modellen kommt im Theorieteil ein Multiple- oder Single-Choice-Test zur Anwendung. Dieser ist meist in schriftlicher Form (ggf. computerbasiert) abzulegen. Einige Hundeführerschein-Varianten sehen (zusätzlich) auch noch eine Wissensüberprüfung in Form eines Fachgesprächs vor.

Die praktische Prüfung

Auch wenn bei den unterschiedlichen Hundeführerschein-Modellen mitunter abweichende Prüfungsinhalte gelten, was die geforderte Leistung, die Anzahl und Art der Übungen und überprüften Situationen, die Zulassung verschiedener Hilfsmittel, das Mindestalter des Hundes oder Hundehalters, den Impfstatus des Hundes und die Bewertung anbetrifft, so kann doch ein Gesamtziel benannt werden: Der Halter hat dafür Sorge zu tragen, seinen Hund so zu führen, dass von ihm keinerlei Gefahr ausgeht.

Bei manchen Hundeführerschein-Varianten kann die Prüfung auch mit einem angeleinten und ggf. gesichert geführten Hund absolviert werden. In diesen Fällen steht die Fähigkeit des

Der Halter muss seinen Hund sicher festhalten können, damit der Prüfer bequem den Mikrochip des Hundes ablesen und ihn anfassen kann. Der Hund darf nicht übermäßig zappeln, lecken oder gar beißen können. Der Test mit dem Leckerchen beweist, dass hier keine Bewegung mehr möglich ist.

Halters vorausschauend zu handeln weit im Vordergrund. Auch Grundgehorsamsdetails sind hier in aller Regel Inhalt der Prüfung, jedoch wird auf Freilaufsituationen verzichtet. Diese Prüfungen können auch mit Hunden absolviert werden, die aufgrund ihrer Ängstlichkeit, starker Jagdpassion oder der Tendenz zu aggressivem Verhalten keinen Freilauf erhalten können.

Bei den meisten landesrechtlich anerkannten „praktischen Hundeführerscheinprüfungen" ist das Ziel jedoch noch weiter gefasst. Es gilt abschätzen zu können, ob eine besondere Erlaubnis zum Freilauf erteilt oder eine etwaig aufgrund einer speziellen Rassezughörigkeit bestehende Leinen- und Maulkorbpflicht aufgehoben werden kann. Hier stehen neben den Führungsqualitäten des Halters auch der Gehorsam und der Charakter des Hundes unmittelbar im Mittelpunkt der Prüfung.

Damit sich der Prüfer/die Prüferin ein möglichst realistisches Bild des Hund-Halter-Teams machen kann, wird die Prüfung in den meisten Fällen an unterschiedlichen Orten abgelegt. In aller Regel sind die Prüfungsinhalte hierbei vom Schweregrad her gestuft. In ruhiger Umgebung (beispielsweise einem Hundeplatz) wird häufig zunächst das **Zusammenspiel zwischen Hund und Halter** beurteilt. Die Prüfungssituationen beziehen sich zum Beispiel schon beim Auto auf das Aus- und Einladen des Hundes, das Handling beim Anlegen eines Maulkorbs oder dem gesicherten Festhalten des Hundes bei Manipulationen durch eine fremde Person – wie etwa beim Chip-Ablesen. Auch die Leinenführigkeit und die Kontrolle im Hinblick auf verschiedene Verleitungen steht an dieser Stelle oftmals im Fokus. Dies kann sich sowohl darauf beziehen, dass der Halter seinen Hund kontrolliert und manipulationsfrei an einer attraktiven Futterquelle oder verleitenden Bewegungsreizen (z. B. ballspielenden Personen) vorbeiführen können muss und/oder auf das umgehende Ablassen von Spielzeug oder Futter, das der Hund zuvor aufgenommen hat.

Kommt der Prüfer zu einer zufriedenstellenden Beurteilung, wird die Prüfung meist unter einem höheren Leistungsanspruch in einer Umgebung stärkerer Ablenkung fortgesetzt. Der Prüfungsort kann bereits an dieser Stelle in den öffentlichen Bereich verlegt worden sein. Als Prüfungsumgebung wir häufig ein „spaziergangsüblicher“ Ort gewählt. Das Ablenkungsmaß wird bei positivem Prüfungsverlauf von einer zunächst noch vergleichsweise ablenkungsarmen Umgebung bis hin zu turbulenteren Situationen mit Bewegungsreizen und diversen Begegnungssituationen mit Menschen oder Artgenossen oder möglichen Jagdablenkungen, die sich in der jeweiligen Situation ergeben (Anwesenheit von Feder- oder Haarwild), gesteigert. Überprüft werden wiederum Leistungsinhalte wie die Leinenführigkeit sowie weitere **Übungen aus dem Basis-Gehorsam** (je nach Hundeführerschein-Variante etwa „Sitz“ und „Platz“, das positionsgebundene ruhige und entspannte Warten in der Distanz zum Tierhalter und in Prüfungen mit Freilauf auch der Rückruf aus einer Ablenkungssituation sowie die Kontrolle im Hinblick auf Verleitungen – nun mit dem freilaufenden Hund). Der Halter muss unter Beweis stellen, dass er seinen (ggf. freilaufenden) Hund in Begegnungssituationen selbständig in angemessener Art und Weise unter Kontrolle halten kann, um eine Belästigung oder Gefährdung anderer Lebewesen durch seinen Hund auszuschließen.

In vielen Hundeführerschein-Prüfungen gelten bestimmte Mindestanforderungen im Hinblick auf die Prüfungssituation. Notfalls werden diese im Rahmen der Prüfung auch gestellt. Häufig stehen **Bewegungsreize** verschiedener Art (spielende Artgenossen, Jogger, Radfahrer, Fußballspieler) und **Begegnungssituationen** mit Artgenossen und (sich ggf. auch auffällig benehmenden) Personen im Vordergrund.

Als letzter Abschnitt folgt bei einigen Hundeführerschein-Prüfungen auch noch die Beurteilung des **Führungsstils des Halters und der Stressstabilität des Hundes**, also kurzum der „Alltagstauglichkeit des Teams“ in städtischer Umgebung. Hier werden sämtliche Prüfungssituationen nur mit dem angeleinten Hund überprüft, da im städtischen Bereich größtenteils eine generelle Leinenpflicht besteht.

Hunde können in verschiedenen Umgebungen sehr unterschiedliche Verhaltensweisen an den Tag legen. Ein Hund, der guten Gehorsam in einer Hundeplatzsituation zeigt, kann mit den Anforderungen im städtischen Bereich beispielsweise völlig überfordert sein, was seine Ansprechbarkeit über Gehorsamskommandos vollständig lahmlegen kann. In den meisten Hundeführerschein-Modellen wird dieser Tatsache dadurch Rechnung getragen, dass die Prüfung an unterschiedlichen Orten stattfindet.

Inhaltlich werden im städtischen Bereich wiederum Gehorsamsaspekte, das Verhalten des Hundes in Verkehrssituationen sowie fremden Personen und Artgenossen gegenüber – nun in alltagsüblichen Stresssituationen (etwa einer Fußgängerzone mit den dort vorhandenen Reizsituationen) – überprüft. Gängige konkrete Inhalte sind: Das Verhalten an einer stark befahrenen Straße, das Verhalten in einer Menschenmenge, bei Fahrten in einem Fahrstuhl in dem fremde Personen anwesend sind, bei Fahrten mit öffentlichen Verkehrsmitteln, beim Besuch eines Geschäfts oder Cafés/Restaurants.

Die Beurteilung

In aller Regel steht nicht alleinig das Verhalten des Hundes im Zentrum der Beurteilung. Eine wesentliche Rolle spielt auch das Auftreten des Tierhalters. Die Fragestellungen sind im Einzelnen: Zeigt sich der Hund unangemessen erregt, unkontrolliert, aggressiv oder ungehorsam? Erkennt der Halter, wann es Zeit ist, seinen Hund unter enger Kontrolle (Konzentration) zu führen oder gar an die Leine zu nehmen (beispielsweise wenn fremde Personen Angst vor seinem Hund haben, in einer Situation mit hoher räumlicher Enge oder generell um Belästigungen durch seinen Hund in Form von Schnüffelkontakten oder gar Anspringen vorzubeugen)? Wie verhält sich der Hund Artgenossen gegenüber? Kann der Halter die Feinheiten der Hundekommunikation erkennen und trägt er dieser in vorausschauender Art Rechnung? Kann er die erforderliche Kontrolle in souveräner und manipulationsfreier Art von seinem Hund einfordern? Mit welchem Ausdrucksverhalten und in welcher Zuverlässigkeit beantwortet der Hund die ihm angesagten Gehorsamsübungen? Tritt der Hundehalter anderen Personen (hundelosen Passanten, anderen Hundehaltern und auch deren Tieren) gegenüber rücksichtsvoll und vorausschauend auf?

Individuelle Unterschiede

Es ergibt sich aus der Vorgeschichte der Hunde, dass manch ein Hund leichter zu führen ist als ein anderer. Die praktische Überprüfung des Teams erfolgt, um eine Gefährdung oder Belästigung durch den Hund im öffentlichen Bereich sicher ausschließen zu können. Hierbei wird auf Seiten des Halters, der einen unkomplizierten Hund hält, keinerlei Spezialwissen oder gar Erfahrung im Umgang mit einem schwierigen Hund gefordert. Hat sich der Halter jedoch für die Haltung eines Hundes entschieden, der in bestimmten Verhaltensbereichen Probleme mitbringt, etwa weil er mangelhaft sozialisiert ist, schlechte Erfahrungen machen musste oder weil er chronisch krank ist, muss er dieser höhren Verantwortung Rechnung tragen können.

Bei der Beurteilung steht vor allem das Zusammenspiel des Hund-Halter-Teams im Vordergrund. Schließlich kann auch ein freundlicher Hund unter dem Einfluss einer rücksichtslosen menschlichen Führung anderen Personen zur Last fallen und im Umkehrschluss ein „schwieriger" Hund ohne Zwischenfälle durchs Leben geleitet werden.

Die gelbe Schleife – eine Aktion für mehr Rücksichtnahme

Ursprünglich auf ein Projekt in Schweden zurückgehend, findet auch hierzulande die Aktion gelbe Schleife immer mehr Anklang. Hunde, die aus irgendeinem Grund (sei es gesundheitlich oder charakterlich) mehr Freiraum bzw. Abstand zu Personen oder Artgenossen brauchen, werden mit etwas Gelben z. B. einem Band oder Tuch an der Leine, dem Geschirr oder Halsband gekennzeichnet. Das Erblicken eines auf diese Art und Weise gekennzeichneten Hundes sollte aus Gründen der freundlichen Rücksichtnahme ein umgehendes Handeln beim Gegenüber erzeugen, der den gewünschten Abstand diskussionslos tolerieren und einhalten sollte.

Wie würden Sie entscheiden?

Was ist hier zu tun?

Auf einem solch engen Gehsteig sind Begegnungen mit Menschen nicht mit jedem Hund leicht zu meistern. Es empfiehlt sich, den Hund nach rechts an die Seite zu nehmen und beim Passieren unter Kontrolle zu halten. Auf diese Weise vermeidet man auch, dass sich andere Menschen durch die unvermeidliche Nähe zum Hund unwohl fühlen oder gar durch ihn belästigt werden, wenn er an ihnen schnuppert.

Unbeschwertes Glück?

Das Kind liebt diesen Hund offensichtlich sehr und möchte es ihm gerne zeigen. Der Hund jedoch drückt durch seine Körperhaltung, das Kopfabwenden und das Hecheln aus, dass er sich unwohl fühlt. Die enge Umarmung ist eine ranganmaßende Geste. Solche Kommunikationsmissverständnisse können auch zu aggressiver Gegenwehr führen.

Häusliche Gemütlichkeit?

Hund und Kind sind in dieser Szene nicht im Einklang miteinander. Das Kind belästigt den Hund, indem es ihn mit dem Fuß „streichelt“. Nicht jeder Hund kann dies mit Fassung ertragen, vom fehlenden Wohlbefinden des Tieres ganz zu schweigen. Um Probleme zu vermeiden, sollten Kinder angeleitet werden, sich dem Tier gegenüber in artgerechter und respektvoller Weise zu verhalten.

Braver Hund?!

Der Hund drückt hier durch seine Körpersprache Stress und Ängstlichkeit aus. Dies ist seine Antwort auf die Ausstrahlung des Menschen (z. B. wenn sich dieser vorher geärgert hat) oder eine Reaktion auf dessen bedrohliche Körpersprache. Vorsicht ist geboten, denn gestressten Hunden unterlaufen in Gehorsamsübungen mehr Fehler, da die Konzentrationsfähigkeit eingeschränkt ist. Schnell entsteht so ein Teufelskreis!

Zwei, die sich gut verstehen?

Diese beiden scheinen sich sympathisch zu sein und wollen miteinander toben. Spielkontakte an der Leine sind jedoch problematisch, weil schnell unerwünschte Engesituationen entstehen. Besser ist es, die Hunde kontrolliert, d.h. konzentriert und mit ein wenig Abstand, aneinander vorbeizuführen oder im Einvernehmen mit dem anderen Halter und wenn es die Situation erlaubt, ohne Leine toben zu lassen.

Ein tolles Dreigespann?

Dieses Team ist nicht zu halten! Jeder der beiden Hunde wiegt etwa dreimal so viel wie der Junge. Um einen Hund sicher führen zu können, spielt auch die körperliche Überlegenheit eine gewisse Rolle. Wenn die Kräfteverhältnisse unausgewogen sind, kommt man aus Sicherheitsgründen nicht um Hilfsmaßnahmen (z. B. den Einsatz eines Kopfhalfters) herum. Dies gilt natürlich für erwachsene Personen gleichermaßen.

TASSO

Fragenkatalog

zur theoretischen Prüfung
des Hundehalters

Die farbigen Kästchen neben den Fragennummern führen Sie:
Wenn Sie wissen wollen, wo Sie die theoretischen Grundlagen finden, die Sie brauchen, um die Fragen richtig beantworten zu können, dann lesen Sie im ersten Teil des Buches in dem Kapitel nach, das mit der gleichen Farbe gekennzeichnet ist wie das Kästchen. Mehrere Kästchen hinter einer Nummer bedeuten, dass Sie sich alle Kapitel der entsprechenden Farbe anschauen sollten.

1

Welches Tier ist der Urahn des heutigen Hundes?

A Der Goldschakal.
B Der Wolf.
C Der Kojote.
D Der Dingo.

2

Sind alle Hunde gleich oder gibt es rassetypische Eigenschaften?

A Alle Hunde sind gleich.
B Je nach Rasse weisen Hunde unterschiedliche Veranlagungen auf.
C Verschiedene Rassen unterscheiden sich nur durch ihr äußeres Erscheinungsbild.
D Rassetypische Eigenschaften gibt es nicht, aber anhand der Größe kann man eine Einteilung in „kinderfreundlich", „gefährlich", „leicht zu erziehen" etc. treffen.

3

Was ist die Grundveranlagung, die jeder Hund in sich trägt?

A Hunde sind Jagdraubtiere.
B Hunde sind zwingend darauf angewiesen, mit mindestens einem Artgenossen zusammenzuleben.
C Hunde sind soziale Rudeltiere und darauf ausgerichtet, in einem Gruppenverband zu leben.
D Hunde sind Aasfresser und suchen deshalb ständig nach toten Tieren.

Es können auch mehrere Antworten richtig sein.

4

Welche Dinge sind vor der Anschaffung eines Hundes wichtig?

A Ist die Hundehaltung erlaubt?
B Habe ich die Möglichkeit, den Hund 12–15 Jahre lang sicher zu behalten und zu versorgen?
C Passt der ausgesuchte Hund von seiner Rasseveranlagung her tatsächlich zu meinem Lebensstil?
D Die Abstammung von hochprämierten Elterntieren.

5

Welche Überlegungen muss man anstellen, wenn man sich einen Hund anschaffen will?

A Der ausgewählte Hund sollte von seiner Rasseveranlagung her möglichst gut zu einem passen. Das Aussehen sollte hingegen nicht allein ausschlaggebend für die Entscheidung sein.
B Beim Zusammenleben mit einem Hund könnten Probleme auftreten. Habe ich dann die Geduld, Zeit und Kraft, mich darum zu kümmern?
C Werde ich auch in den nächsten 12–15 Jahren noch genug Zeit und Lust haben, einen Hund zu halten?
D Habe ich ausreichend Geld für eine optimale Versorgung des Hundes und auch für unvorhergesehene umfangreichere medizinische Behandlungen?

6

Unter welchen Umständen sollte man davon absehen, sich einen Hund anzuschaffen?

A Bei Berufstätigkeit, wenn der Hund mehr als sechs Stunden täglich alleine sein müsste.
B Wenn absehbar ist, dass sich Berufs- oder Lebenssituation ändern werden und nicht sicher ist, ob Hundehaltung dann noch möglich ist.
C Wenn man keinen Garten hat.
D Wenn man eine starke Allergie auf Hundehaare hat.

7

Welche Bedürfnisse des Hundes müssen bei artgerechter Haltung täglich ausreichend erfüllt werden?

A Der Hund muss täglich ausreichend geistig und körperlich gefordert werden.
B Der Hund muss jeden Tag ausreichend lange und mehrmals täglich Sozialkontakte mit Menschen und Artgenossen haben.
C Der Hund muss jeden Tag ausreichend lange und häufige Kontakte mit Bezugspersonen und/oder Artgenossen haben.
D Der Hund sollte vorwiegend in einer Zwingeranlage mit gut isoliertem Boden gehalten werden.

8

Nennen Sie Punkte, die man mindestens erfüllen muss, um einen Hund artgerecht zu halten.

A Der Hund braucht täglich häufige Kontaktmöglichkeiten zu Menschen und/oder Hunden.
B Hunde brauchen jederzeit freien Zugang zu Wasser.
C Hunde brauchen ausreichend häufige (mind. dreimal täglich) und ausreichend lange (mind. zwei Stunden am Tag für einen gesunden Hund) Spaziergänge.
D Es muss gewährleistet sein, dass der Hund im Krankheitsfall medizinisch versorgt werden kann.

9

Welche Haltungsform ist nicht tierschutzgerecht?

A Die Haltung eines Hundes im Keller ohne Tageslicht.
B Die Haltung eines Hundes ohne Kontakt zu Sozialpartnern.
C Ein Einzeltier in der Wohnung oder im Zwinger mehr als acht Stunden täglich alleine zu lassen.
D Einen gesunden Hund jeden Tag dreimal für jeweils 10 Minuten an einer kurzen Leine auszuführen.

10

Hat es Vorteile, mehr als einen Hund zu halten?

A Nein, weil spätestens ab der Geschlechtsreife Hunde mit Artgenossen meist unverträglich werden.
B Nein, Hunde brauchen grundsätzlich keinen Kontakt zu anderen Hunden.
C Ja, Hunde führen, wenn sie zu mehreren gehalten werden, ein artgerechteres Leben – vorausgesetzt, sie verstehen sich untereinander gut.
D Ja, der Hund, der als zweiter hinzukommt, lernt doppelt so schnell, denn er guckt sich alles Wesentliche von dem anderen Hund ab.

11

Gibt es Nachteile, wenn man mehr als einen Hund hält?

A Ja, man muss doppelt so weit spazieren gehen.
B Ja, man muss doppelt so viel Erziehungsarbeit leisten.
C Ja, man muss doppelte Kosten für Futter, Tierarzt, Hundesteuer, Versicherung, Ausstattung usw. tragen.
D Ja, die Hunde können sich zusammen schneller in unerwünschte Verhaltensweisen hineinsteigern.

12

Gehört es für einen Hund zu den vom Wolf ererbten Verhaltensweisen, längere Zeit allein zu bleiben?

A Ja, auch Wölfe lassen immer ein Tier allein zurück, wenn sie jagen gehen.
B Nein, Wölfe können nur im Rudel überleben und lassen normalerweise kein Tier der Gruppe allein zurück.
C Verhaltensweisen vom Wolf spielen für den Hund keine entscheidende Rolle mehr.
D Alleinbleiben ist keine ererbte Verhaltensweise.

13

Ist die so genannte Beißhemmung angeboren?

A Nein, die Beißhemmung muss im Welpenalter durch geeignete soziale Kontakte inklusive Spiel mit Altersgenossen und mit dem Menschen erlernt werden.
B Ja, sonst würden Welpen ihre Geschwister zu sehr verletzen.
C Ja, sonst würden sie ihre Besitzer beißen.
D Ja, allerdings gibt es Rassen, die diese Hemmung nicht haben.

14

Was sind typische Jagdverhaltensweisen?

A Knurren.
B Hetzen.
C Schütteln der Beute.
D Anschleichen und Vorstehen.

15

Bis zu welchem Alter bezeichnet man Hunde als „Welpen“?

- **A** Bis zu einem Jahr.
- **B** Von Geburt an bis zum Abschluss des vierten Lebensmonats.
- **C** Bis zur Geschlechtsreife.
- **D** Bis sie nicht mehr gesäugt werden.

16

Welche Auswirkung hat häufige und lange Zwingerhaltung auf die Wesensentwicklung des Welpen?

- **A** So lernt der Hund gut alleine zu bleiben.
- **B** Defizite im Sozialverhalten gegenüber Menschen und Artgenossen.
- **C** Probleme im Bereich des häuslichen Sauberkeitstrainings.
- **D** Die gesundheitliche Widerstandskraft ist größer.

17

Worauf sollten Sie bei der Auswahl einer Welpenspielgruppe achten?

- **A** Der Trainer sollte über eine Spezialausbildung im Welpentraining verfügen und einen ruhigen und geduldigen Umgang mit dem Hund-Halter-Team pflegen.
- **B** Eine Teilnehmeranzahl von über zehn Hunden, damit der Welpe sicher einen Spielkumpel finden wird.
- **C** Der Trainer sollte Mobbing oder anderes etwaiges Problemverhalten nie bestrafen, sondern immer in ein positives Verhalten umlenken.
- **D** Es muss immer ein erwachsener Hund dabei sein, der bei den Welpen für Ruhe und Ordnung sorgt.

18

Ist es schlimm, wenn der Hund im Welpenalter schon mit vielen Reizsituationen konfrontiert wird?

- **A** Hunde, die als Welpen in positiver Weise ausreichend viele Reizsituationen erleben konnten, sind später selbstsicherer.
- **B** Nein, wenn die Erfahrungen positiv und dem Welpen angepasst sind. Überstimulation durch zu viele oder negative Erfahrungen ist möglich. Qualität und Quantität müssen stimmen.
- **C** Nein, denn ausreichende Erfahrungen im Welpenalter sind für eine optimale Entwicklung des Gehirns ausschlaggebend.
- **D** Ja, denn die Hunde, die als Welpen viel kennen gelernt haben, sind grundsätzlich nervöser und hyperaktiv und deshalb schwerer zu halten.

19

Ist es für die Entwicklung des Welpen sehr wichtig, ob er in seinen ersten Lebenswochen zahlreiche Außenreize kennen lernt?

- **A** Ja, vorausgesetzt, er erlebt die Reize in entspannter Art.
- **B** Ja, denn vielfältige positive Reizsituationen geben dem Welpen Selbstvertrauen und Sicherheit im Umgang mit neuen Situationen.
- **C** Nein, denn ein Welpe kann noch gar keine Reize verarbeiten.
- **D** Nein, denn die Entwicklung des Gehirns hängt nicht vom Angebot verschiedener Reize ab, sondern geschieht automatisch.

20

Welche Erfahrungen sind für ein reibungsloses Zusammenleben in der menschlichen Gesellschaft für einen Welpen wichtig?

A Er sollte in positiven Begegnungen viele verschiedene Menschen (von Babys bis zu alten Menschen) kennen lernen.

B Fahrten mit öffentlichen Verkehrsmitteln in entspannter Atmosphäre.

C Welpen sollten möglichst viel im heimischen Bereich gehalten werden, damit sie nicht überfordert werden.

D Aufenthalte im Zwinger, damit der Welpe lernen kann, auch einmal alleine zu bleiben.

21

Ist die Aufzucht von Welpen im Garten ideal?

A Ja, denn der Garten ist eine natürliche Umgebung und das härtet ab.

B Nein, denn bei der ausschließlichen Aufzucht im Garten kann der Hund nicht genügend Erfahrungen mit Menschen und dem Leben in häuslicher Umgebung machen.

C Es kommt nicht darauf an, wo der Hund aufwächst, sondern wie viel ihm geboten wird. Es muss immer sichergestellt sein, dass er ausreichend viele positive Kontakte mit Menschen, Umweltreizen (z. B. Verkehr) und anderen Hunden hat.

D Im Garten lauern viele Krankheitserreger, deshalb sollten Welpen bis zur 12. Woche überhaupt nicht draußen gehalten werden.

22

Welche Punkte sind bei der Welpenerziehung wichtig?

A Mit der Erziehung sollte man grundsätzlich nicht in Welpentagen, sondern frühestens mit einem halben Jahr anfangen.

B Welpen können sich immer nur kurz konzentrieren.

C Auf die Anwendung von Strafen sollte man verzichten, denn sie führen, je nach Strafart, zum Vertrauensverlust dem Menschen gegenüber oder zu Umweltunsicherheit.

D Am besten ist es, wenn der Welpe mit einem erwachsenen Hund zusammenleben kann, denn dann übernimmt dieser die Erziehung.

23

Was muss man bei Übungen mit einem Welpen beachten?

A Man sollte liebevoll, aber konsequent mit ihm umgehen.

B Man sollte ihm im positiven Sinn viele Reizsituationen bieten, um ihn schrittweise an alltägliche Situationen zu gewöhnen.

C Auch bei einem Welpen muss man schon mit mäßigem Druck und Strenge arbeiten, damit er sich gar nicht erst Marotten angewöhnt.

D Übungen sollten stets individuell dem Ausbildungsstand und der Befindlichkeit des Welpen angepasst sein.

24

Wenn man einen Welpen kauft, sollte man

- **A** besonders in der ersten Phase viel Zeit (ggf. Urlaub) haben, um sich bestmöglich um den Hund kümmern zu können.
- **B** den Züchter vorher „auf Herz und Nieren" geprüft haben, um einen Hund mit guten charakterlichen und genetischen Anlagen zu bekommen.
- **C** unbedingt einen Garten haben, denn sonst ist es sehr problematisch den Hund stubenrein zu bekommen.
- **D** sicher sein, dass der Hund auch längerfristig zum eigenen Lebensstil und den Lebensumständen passt.

25

Welche Dinge sprechen gegen den Erwerb eines Welpen?

- **A** Die Hündin verbellt jeden, der in die Nähe kommt, und die Welpen bellen und verstecken sich.
- **B** Die Hunde haben keine Papiere.
- **C** Die Hunde sind schmuddelig, weil sie im Laub spielen.
- **D** Die Welpen rennen zu jedem hin.

26

Ab welchem Alter sollte man mit dem Welpen Übungen beginnen?

- **A** Das Alter ist egal. Wichtig ist, dass der Hund vorher ca. drei Wochen Zeit hatte, sich bei seiner neuen Familie einzuleben.
- **B** Das Alter ist egal. Man kann sofort mit einfachen Übungen anfangen. Wichtig ist, dass er keine Angst hat und nicht zu aufgeregt ist.
- **C** Gehorsamstraining sollte man nicht vor sechs Monaten beginnen, denn ein Welpe ist noch unreif.
- **D** Die einzige Übung, die man mit einem Welpen machen sollte, ist das Training der Stubenreinheit. Für alles andere ist der Hund noch zu jung.

27

Wie lange dauert die Sozialisationsphase beim Welpen?

- **A** Bis zum Abschluss der 8. Woche.
- **B** Bis zum Abschluss der 12. bis max. 16. Woche.
- **C** Bis zur Geschlechtsreife.
- **D** Bis zu einem Jahr.

28

Warum sind gerade die ersten drei Monate im Leben eines Hundes so entscheidend?

- **A** Die Hunde sammeln in dieser Zeit Erfahrungen, die ihnen im späteren Leben als Vergleichsmaßstab dienen.
- **B** Die ersten drei Monate sind gar nicht so entscheidend. Alle wichtigen Erfahrungen kann ein Hund auch zu einem späteren Zeitpunkt im Leben machen.
- **C** In dieser Zeit entwickelt sich das Gehirn besonders schnell. Durch gute Aufzuchtbedingungen kann man die Lernfähigkeit fördern.
- **D** Hunde binden sich in dieser Zeit unwiederbringlich an ihren Besitzer.

29

Woran erkennt man einen seriösen Züchter?

A Er züchtet in aller Regel Hunde verschiedener Rassen oder hält und verkauft zumindest nicht nur eine Rasse. Er hält diese Tiere in einer gut gepflegten, sauberen Zwingeranlage und achtet darauf, dass die Tiere nicht durch Besucher gestört werden.

B Er gibt gerne Auskunft und klärt die Interessenten auch über mögliche Nachteile der Rasse auf.

C Er hat ständig einen Wurf Welpen, um die Nachfrage nach der Rasse zu decken.

D Ein seriöser Züchter integriert die Welpen in seine Familie und bietet ihnen während der Aufzuchtsphase zahlreiche Alltags- und Umweltreize.

30

Was versteht man unter dem sogenannten „Welpenschutz"?

A Welpen werden von der Mutterhündin niemals im Stich gelassen.

B Welpen werden von erwachsenen Hunden nicht gebissen, denn sie stehen unter Welpenschutz. Ein erwachsener Hund, der einen Welpen beißt, ist verhaltensgestört.

C Hunde genießen bis zum Alter von einem Jahr Welpenschutz und dürfen in dieser Zeit von anderen Hunden nicht gebissen und vom Menschen nicht grob bestraft werden.

D Es gibt keinen „Welpenschutz". Den Welpen schützt angemessenes, also unterwürfiges und beschwichtigendes Verhalten.

31

Welche Fragen sollten Sie vor dem Welpenkauf mit dem Züchter erörtern?

A Sind die Elterntiere hinsichtlich rassespezifischer Erkrankungen tierärztlich untersucht und als gesund beurteilt worden?

B Werden die Welpen geimpft und gechipt und mit EU-Heimtierausweis abgegeben?

C Werden die Welpen regelmäßig (alle vierzehn Tage) entwurmt?

D Achtet der Züchter darauf, die Welpen vor der Abgabe zu baden?

32

Ab wann sollte man mit einem Welpen eine Welpenspielgruppe besuchen?

A Ab der achten Woche, sofern der Welpe gesund und munter und geimpft ist.

B Ab dem fünften Lebensmonat.

C Gar nicht, weil langes oder rauhes Welpenspiel den Gelenken schadet.

D Wenn der Welpe mit mindestens einem anderen Hund täglichen Kontakt hat, gar nicht, weil dieser Kontakt dem Hund für eine optimale Entwicklung reicht.

33

Was macht ein Hund, wenn er einen anderen dominieren möchte?

A Er legt sich auf die Seite und wedelt.

B Er macht sich groß (Schwanz hoch, Ohren nach vorne, steifer Gang) und weicht Blickkontakt nicht aus.

C Er bellt und legt die Ohren an.

D Er legt die Schnauze oder Pfote auf den Rücken des anderen Hundes.

34

Was bedeutet es, wenn ein Hund einem anderen den Kopf auf den Rücken legt?

A Er ist unterwürfig.
B Er macht eine Spielaufforderung.
C Er ist müde.
D Es ist eine Imponiergeste.

35

Was bedeutet es, wenn sich zwei Hunde direkt in die Augen starren?

A Es bedeutet, dass sie sich gern haben.
B Es ist eine Beschwichtigungsgeste.
C Auf diese Weise bedrohen sie sich gegenseitig.
D Sie wollen miteinander spielen.

36

Was für eine Bedeutung hat es, wenn sich ein Hund flach auf den Boden legt und einen entgegenkommenden Hund mit dem Blick fixiert?

A Er möchte vermutlich einen „Angriff“ starten. Dieser Angriff kann spielerisch oder ernst ausgerichtet sein.
B Er ist müde und möchte sich schnell noch ein wenig ausruhen, bis der andere Hund da ist.
C Es hat gar nichts mit dem anderen Hund zu tun, sondern ist ein Zeichen von starken Bauchschmerzen.
D Der liegende Hund verhält sich unterwürfig.

37

Was sind Stresssymptome eines Hundes?

A Unruhiges Verhalten und Hecheln.
B Futterbetteln.
C Starkes Haaren und ggf. stumpfes Fell bei länger anhaltendem Stress.
D Nach vorne gerichtete Ohren und Interesse an der Umwelt.

38

Woran erkennen Sie, dass Hunde miteinander spielen?

A Sie zeigen gelegentlich eine Spielaufforderung.
B Im Spiel jagt jeder Hund einmal einen anderen und wird selbst auch gejagt.
C Im Spiel wird ein Hund in die Ecke getrieben oder umgeworfen. Der „Unterlegene“ quiekt hierbei laut auf, schnappt um sich und hat die Rute eingeklemmt.
D Alles ist Spiel, wenn keine offenen Wunden entstehen.

39

Woran sieht man, dass ein Hund verunsichert ist?

A Er leckt sich über seine Nase.
B Er pfötelt.
C Er wendet den Blick ab.
D Er starrt sein Gegenüber an.

40

Bilden Hunde, die sich zufällig auf einer Hundewiese treffen, eine stabile Rangordnung aus?

A Ja, denn Hunde stellen immer, wenn sie sich treffen, eine Rangordnung auf.

B Nein, eine stabile Rangordnung bildet sich nur, wenn die Hunde zusammenleben.

C Ja, allerdings nur, wenn der Kontakt länger als fünf Minuten dauert.

D Nein, nur Hunde, die miteinander verwandt sind, bilden eine Rangordnung.

41

Ein Welpe oder ein Kind ist einem erwachsenen Hund gegenüber sehr aufdringlich. Welche Verhaltensweisen sind in diesem Fall normal und als hundetypisch zu bezeichnen?

A Knurren.

B Die Lefzen kräuseln.

C Der Hund tut nichts, weil Kinder und Welpen bei erwachsenen Hunden uneingeschränkt Narrenfreiheit haben.

D Schnappen oder Beißen, wenn es aus Hundesicht die Situation erfordert.

42

Zwei Hunde kämpfen miteinander. Die Besitzer stehen daneben und schreien die Hunde an, um den Kampf zu beenden. Wie interpretieren die Hunde dieses Verhalten?

A Durch das Anschreien bekommen die Hunde Angst und beenden den Kampf sofort.

B Durch die aggressive Stimmung der Besitzer werden die Hunde angestachelt weiterzukämpfen.

C Das Schreien der Besitzer beeinflusst das Verhalten der Hunde nicht.

D Hunde interessieren sich nicht für das Verhalten von Menschen.

43

Warum reagieren viele Hunde an der Leine aggressiver?

A Hunde an der Leine sind mutiger.

B Hunde können sich an der Leine nicht frei bewegen und ausweichen und fühlen sich schneller bedroht.

C Hunde haben dieses Verhalten als Strategie gelernt, um Situationen, die sie ängstigen, schneller beenden oder für sich entscheiden zu können.

D Hunde ärgern sich darüber, dass sie angeleint sind und übertragen ihre Wut auf den anderen Hund.

44

Ich beuge mich über einen Hund und möchte ihn streicheln. Er duckt sich und knurrt. Ich mache mich klein und strecke ihm meine Hand entgegen, damit er daran schnüffeln kann. In diesem Moment schnappt er nach mir. Was könnte der Grund dafür sein?

A Ein Hund, der so reagiert, muss früher geschlagen worden sein.

B Er hat die Geste des Handausstreckens als Bedrohung empfunden.

C Er ist grundsätzlich verhaltensgestört.

D Es ist normal, dass Hunde Gegner attackieren, die schwächer sind. Dadurch, dass man sich klein gemacht hat, hat man dem Hund signalisiert, dass man schwächer ist als er.

45

Nennen Sie typische Signale, an denen man ängstlich-unterwürfiges Verhalten erkennen kann.

A Blickkontakt halten.
B Sich klein machen und ducken.
C Den Schwanz einziehen und die Ohren anlegen.
D Harnen bei geduckter Haltung.

46

Welche Verhaltensweisen zeigt ein Hund, der Angst hat und sich bedroht fühlt?

A Er versucht zu fliehen.
B Er versucht anzugreifen, wenn er nicht ausweichen kann.
C Er wedelt und bettelt nach Futter.
D Er pinkelt unter sich.

47

Achten Hunde auf die Körpersprache von Menschen?

A Ja, Hunde achten sehr auf die Körpersprache von Menschen.
B Nur wenn man es ihnen beigebracht hat.
C Nein, wie sich Menschen verhalten ist Hunden egal.
D Nein, Hunde achten nur auf die Worte von Menschen.

48

Können Hunde unsere Sprache verstehen?

A Hunde können die Bedeutung bestimmter Worte lernen.
B Hunde können den Klang unterscheiden.
C Nein, sie können aber in der Sprache einzelne Wörter wiedererkennen, deren Bedeutung sie gelernt haben.
D Ja, Sprache zu verstehen ist für Hunde kein Problem.

49

Eine gute Bindung des Hundes an seinen Besitzer erkennt man daran, dass

A er sich häufig am Halter orientiert.
B der Hundehalter liebevoll mit seinem Hund schmust.
C Hund und Hundehalter ausgelassen miteinander spielen.
D der Hundehalter seinem Hund Futter gibt, wenn dieser nach einem Leckerchen bettelt.

50

Ist es Spiel, wenn eine Gruppe von Hunden einem unsicheren Hund hinterherrennt und ihn in die Enge drängt?

A Nein, das nennt man Beuteaggression.
B Nein, es handelt sich hierbei um Mobbing.
C Nein, es handelt sich um einen sogenannten Kommentkampf.
D Ja, das ist eine typische Situation im Spiel.

51

Wer wäre der beste Ansprechpartner, wenn es zu Problemen im Zusammenleben kommt?

A Der Züchter oder ein anderer Halter derselben Rasse.
B Ein Tierarzt, der sich auf Verhalten spezialisiert hat, denn er kann auch mögliche gesundheitliche Ursachen abklären.
C Ein anderer Hundebesitzern, der seinen Hund gut unter Kontrolle hat.

D Ein moderner und erfahrener Hundetrainer, der im Bereich Problemverhalten speziell geschult ist.

52

Die größte Bedeutung beim Zusammenleben von Mensch und Hund hat

A ein kumpelhaftes Verhältnis zwischen Hund und Mensch.

B eine feste Rangordnung, die man durch unnachgiebigen Strafeinsatz festlegt.

C guter Gehorsam des Hundes.

D Bindung und Vertrauen.

53

Der Hundehalter wird als „Rudelführer" anerkannt, wenn er

A darauf achtet, dass er demonstrativ isst, bevor der Hund fressen darf.

B dem Hund deutlich zeigt, dass er ihm körperlich überlegen ist (z. B. durch Unterwerfen, indem er ihn mit Schwung auf den Rücken wirft).

C für alltägliche Situationen gezielt und in positiver Art vermittelt entsprechende Rituale aufbaut.

D den Hund nur zu festen Zeiten füttert.

54

Woran erkennt man eine gute Beziehung zwischen dem Hund und seinem Halter?

A Der Hund tobt wild mit seinem Menschen und springt ihn hierbei häufig an.

B Der Hund ist jederzeit gerne bereit, mit „seinem" Menschen Übungen umzusetzen.

C Wenn die Bezugspersonen häufig wechseln, lernt der Hund eine grundsätzlich gute Bindung gegenüber allen Menschen.

D Ein Hund, der eine gute Bindung zu seinem Besitzer hat, orientiert sich auch auf dem Spaziergang häufig an ihm und bleibt innerhalb der Sicht- oder Kontaktweite.

55

Welche Behandlungen können das Vertrauensverhältnis zwischen Hund und Halter schwächen?

A Der Einsatz von direkten körperlichen Strafen.

B Ein Maßregeln des Hundes, wenn er in einer Situation ängstliches Verhalten zeigt.

C Viel Beschäftigung mit dem Hund.

D Aus Hundesicht unlogisches Verhalten.

56

Welche Verhaltensweisen im Umgang mit dem Hund können speziell für Kinder gefährlich sein?

A Dem Hund direkt in die Augen starren.

B Den Hund nicht anschauen.

C Die Arme hochreißen, schreien oder wegrennen.

D Den Hund über den Kopf streicheln.

57

Was kann zu Problemen zwischen Hunden und Kindern führen?

A Kinder können auf Spielideen kommen, die Hunden unangenehm sind.

B Kinder können Hundeverhalten missverstehen bzw. falsch deuten und verhalten sich dann aus Hundesicht unangemessen.

C Zwischen Kindern und Hunden gibt es keine Probleme, denn sie sind gleichermaßen spielbegeistert und verstehen sich immer gut.

D Beide, Kinder und Hunde, sind „unberechenbar".

58

Sollte man seinen Hund unbeaufsichtigt mit Kindern spielen lassen?

A Ja, wenn der Hund und das Kind zusammen leben, ist das kein Problem, weil der Hund seine eigenen Rudelmitglieder nie beißen bzw. verletzen würde.

B Wenn der Hund die Kinder kennt und mag, ist das kein Problem.

C Nein, denn es kann immer kritische Situationen geben. Eine gute Aufsicht bei Kontakten zwischen Kindern und Hunden ist notwendig.

D Nur, wenn es ein kleiner Hund ist, der den Kindern nichts tun kann.

59

Ist es wichtig mit einem Hund zu üben, dass er sich überall anfassen lässt?

A Ja, es fördert das gegenseitige Vertrauen.

B Ja, es erleichtert Pflegemaßnahmen.

C Ja, denn Hunden sind Berührungen durch menschliche Hände zunächst nicht vertraut.

D Nein, man muss so etwas nicht üben. Ein Hund, der gut untergeordnet ist, lässt sich sowieso überall problemlos anfassen.

60

Darf man zulassen, dass ein fremdes Kind den eigenen Hund streichelt?

A Nur, wenn das Kind vorher freundlich gefragt hat und älter als sechs Jahre ist.

B Wenn der Hund freundlich mit Kindern ist, ja, allerdings nur unter Kontrolle. Notfalls bricht man den Kontakt rechtzeitig ab, wenn man merkt, dass der Hund angespannt reagiert.

C Ja, denn auf diese Weise lernen Kinder den Umgang mit Hunden. Der Hund sollte vom Besitzer festgehalten werden, damit das Kind beliebig lange Zeit den Hund streicheln und liebkosen kann.

D Nein, jeder Hund stellt immer eine große Gefahr dar. Der Hund könnte das Kind beißen. Kontakte zwischen Kindern und Hunden sollten verhindert werden.

61

Es kommt relativ häufig vor, dass Hunde Kinder im Gesicht verletzen. Warum?

A Das Gesicht des Kindes ist häufig ungefähr auf Schnauzenhöhe, so dass der Hund bei einem Kind schneller als bei einem Erwachsenen das Gesicht trifft, wenn er schnappt oder beißt.

B Kinder umarmen Hunde gerne und geben ihnen Küsse. Einigen Hunden ist diese Nähe zu viel und sie versuchen, sich durch Schnappen/Beißen aus der Situation zu befreien.

C Die Gesichtsverletzungen entstehen meist nicht durch Bisse, sondern wenn die Kinder angesprungen werden und dabei hinfallen.

D Hunde verletzen unbeabsichtigt gelegentlich das Gesicht eines Kindes, wenn sie über das „Lefzenlecken“ Beschwichtigung signalisieren wollen.

62

Hängt es vom Alter des Kindes ab, ob das Zusammenleben mit einem Hund reibungslos funktioniert?

A Hunde kommen dann mit Kindern zurecht, wenn sie mit dieser bestimmten Altersklasse ausreichend sozialisiert sind.

B Nein, das hat mit dem Alter nichts zu tun. Ein Hund fühlt sich innerhalb der Familie in jedem Fall rangniedriger als die Kinder.

C Indirekt ja, denn reifere Jugendliche werden von vielen Hunden als Erwachsene eingestuft.

D Ja, das Zusammenleben zwischen kleinen Kindern und Hunden ist immer problematisch.

63

Was ist bei der Sozialisierung eines Hundes auf Kinder zu beachten?

A Der Hund sollte im Welpenalter genügend positiven Kontakt zu Kindern aller Altersstufen haben.

B Der Hund sollte im Welpenalter in individuell passender Dosierung Kontakt zu Kindern aller Altersklassen haben. Wichtig ist hierbei die durchgehende Angstfreiheit (beider Parteien).

C Der Hund braucht nur den Kontakt zu einem Kind, um ausreichend auf Kinder sozialisiert zu sein.

D Der Hund sollte besonders im Welpenalter rigoros vor Kindern abgeschirmt werden, denn Kinder wollen Hunde nur ärgern oder bedrängen.

64

Wie soll ich mich verhalten, wenn ein fremder Hund auf mich und mein Kind zugestürmt kommt?

A Ich reiße mein Kind schnell hoch, um es aus der Gefahrenzone zu bringen.

B Ich schaue dem Hund in die Augen und verjage ihn.

C Ich stelle mich in ruhiger Art vor mein Kind und vermeide es, durch Gesten oder den Blick den Hund zu bedrohen, um einer Eskalation vorzubeugen.

D Ich reiße die Arme hoch und schreie den Hund an.

65

Wie sollen sich Kinder verhalten, wenn sie einem fremden Hund begegnen?

A Normal weitergehen ohne den Hund anzusehen bzw. anzusprechen. Wenn der Hund sich ihnen nähert, sollten sie ruhig stehen bleiben und es weiterhin vermeiden, den Hund anzustarren.

B Den Halter fragen, ob sie sich dem Hund nähern dürfen, sofern sie es gerne möchten.

C Zügig auf den Hund zugehen und ihn streicheln.

D Vorsichtig auf den Hund zugehen und ihn ganz kurz von hinten über den Rücken streicheln.

66

Ein Hund, der nicht gehorcht, zeigt damit, dass

A er stur ist.

B er das gewünschte Verhalten noch nicht verstanden hat und es noch mehr geübt werden muss.

C er seinen Menschen nicht als Rudelführer akzeptiert.

D er seine Grenzen austesten will.

67

Welche Spiele mit dem Hund sind auch für Kinder geeignet?

A Zerren am Seil.

B Apportierspiele, sofern sich der Hund die Objekte aggressionsfrei abnehmen lässt.

C Suchspiele.

D Wilde Rauf- und Jagdspiele.

68

Aggressives Verhalten gegenüber Familienmitgliedern beruht darauf, dass

A die Rangordnung zwischen Hund und menschlichen Familienmitgliedern nicht klar ist.

B der Hund hyperaktiv ist.

C die Beziehung zwischen Hund und Familienmitgliedern gestört oder der Hund krank ist.

D der Hund dominant ist.

69

Ein Hund, der auf Körperpflegemaßnahmen aggressiv reagiert,

A ist nicht genügend daran gewöhnt worden.

B akzeptiert seine Position in der Rangordnung nicht.

C ist schlecht sozialisiert.

D ist möglicherweise krank.

70

Unerwünschtes Verhalten beruht häufig darauf, dass

A der Halter sich nicht genügend durchsetzt.

B der Halter es unbewusst verstärkt hat.

C die Rangordnung nicht geklärt ist.

D der Halter regelmäßig auf Spielaufforderungen seines Hundes eingeht.

71

Ihr freilaufender Hund kommt beim Rückruf nicht sofort zu Ihnen zurück. Was halten Sie für den Grund?

A Die Ablenkung ist zu groß.

B Der Rückruf ist nicht ausreichend geübt.

C Der Rückruf funktioniert nicht, weil die Rangordnung nicht stimmt.

D Der Hund ist ungehorsam. Er sollte deshalb bestraft werden, wenn er wieder kommt.

72

Besteht die Gefahr, durch Strafen einen Hund so zu schockieren, dass er das Vertrauen in einen verliert?

A Nein, nicht wenn man vorher ein gutes Verhältnis hatte.

B Ja, bei sensiblen Hunden manchmal sogar mit Kleinigkeiten, besonders wenn die Handlung für den Hund „unlogisch“ ist.

C Ja, durch inkonsequentes und launisches Vorgehen.

D Nur bei generell ängstlichen Hunden.

73

Was ist zu tun, wenn ein Hund, der immer lieb und friedlich war, ganz plötzlich aggressives Verhalten zeigt?

A Der Hund sollte schnellstens dem Tierarzt vorgestellt werden, denn er könnte Schmerzen oder eine andere Erkrankung haben.

B Man sollte ihn sofort eindrücklich bestrafen, denn so etwas darf man nicht durchgehen lassen.

C Gar nichts. Aggressives Verhalten ist ein normales Hundeverhalten.

D Man sollte die Fütterung umstellen und keine Kohlenhydrate mehr füttern.

74

Mein Hund hat beim Tierarzt auf dem Tisch sehr viel Angst. Er ist unruhig und zappelig. Manchmal knurrt er auch, wenn ihm etwas unangenehm ist. Was kann ich dagegen tun?

A Ich sollte möglichst die ganze Zeit mit dem Hund reden, um ihn zu beruhigen.

B Ich sollte gar nicht mit ihm reden, weil mein Hund lernen muss, mit derartigen Situationen alleine klarzukommen.

C Ich sollte nur in den Momenten mit ihm reden, wenn er sich brav verhält und nicht knurrt. Ich werde zukünftig die Tierarztsituation kleinschrittig üben.

D Am besten schreie ich ihn laut an, damit er aufhört, sich so aufzuführen.

75

Ist es ein Zeichen von Aggression, wenn ein Hund auf dem Spaziergang zu einer fremden Person hinrennt und diese unvermittelt anspringt?

A Nicht unbedingt, aber es ist ein Verhalten, das man dem Hund frühzeitig abgewöhnen sollte, da es Leute gibt, die Angst vor Hunden haben.

B Ja, Anspringen ist ein aggressives Verhalten.

C Nein, das Anspringen ist als Spielaufforderung zu verstehen.

D Nein, es ist ein Zeichen großer Zuneigung.

76

In welcher der genannten Situationen können Hunde aggressiv reagieren?

A Wenn sie von einer fremden Person plötzlich angefasst werden und nicht ausweichen können.

B Wenn man sie beim Fressen stört.

C Beim Tierarzt bei schmerzhaften Manipulationen oder aus Angst.

D Wenn man einem fremden Hund nicht in die Augen schaut.

77

Was sind eindeutige Anzeichen von Angst oder Stress?

A Der Hund macht sich klein oder versucht zu fliehen.

B Er hechelt und hat dabei den Schwanz eingeklemmt und die Ohren nach hinten gelegt.

C Er gähnt und leckt sich häufig über die Nase.

D Er hat die Ohren nach vorne gestellt und zieht die Lefzen hoch.

78

Was sind häufige Ursachen für die Entstehung eines Angstproblems?

A Schlechte Erfahrungen, besonders, wenn sie in der Welpenzeit stattgefunden haben.

B Mangelnde Erfahrungen = Sozialisationsdefizit.

C Schwere Krankheiten.

D Eine einmalige, besonders schockierende, schlechte Erfahrung.

79

Führt eine Kastration des Rüden immer zur Verminderung der Aggression gegenüber anderen Rüden?

A Uneingeschränkt ja.

B Grundsätzlich nein.

C Nein, nicht immer. Ob die Kastration als „Therapie" gegen die Aggression erfolgreich ist, hängt von vielen Faktoren ab.

D Nur wenn männliche Hormone die Ursache für das aggressive Verhalten sind.

80

Gibt es beim Üben mit einem ängstlichen Hund besondere Dinge zu bedenken?

A Ja, Hunde können nur lernen, wenn sie entspannt sind und keine Angst haben.

B Ja, man muss darauf achten, bedrohliche Gesten beim Üben zu vermeiden.

C Ja, mit einem ängstlichen Hund sollte man lieber gar nicht trainieren, weil er aus Angst heraus beißen könnte.

D Nein, mit einem ängstlichen Hund kann man trainieren, wie mit jedem anderen auch.

81

Innerhalb welcher Zeit kann ein Hund in Bezug auf ein von mir gegebenes Kommando seine Belohnung sicher mit der gezeigten Handlung verknüpfen?

A Es dürfen nicht mehr als eine, allerhöchstens zwei Sekunden vergehen.

B Man sollte den Hund innerhalb von fünf Sekunden belohnen.

C Es ist nicht von der Zeit abhängig, ob der Hund die Übung begreift, sondern nur von der Tatsache, ob die Futterbelohnung lecker genug ist.

D Man hat ein paar Minuten Zeit, besonders wenn der Hund die Handlung länger zeigt.

82

Stimmt es, dass man älteren Hunden nichts mehr beibringen kann?

A Ja, Hunde, die älter als ein Jahr sind, können nichts mehr lernen.

B Nein, Hunde können ihr Leben lang neue Dinge lernen.

C Nein, aber es ist einfacher, schon mit einem Welpen zu üben, dann gewöhnt sich der Hund nicht erst etwas Falsches an.

D Nein, da ein Welpe noch gar nichts lernen kann, sollte man überhaupt mit der Erziehung erst beginnen, wenn der Hund ein Jahr alt ist.

83

Können im Zusammenhang mit Strafe Probleme auftreten?

A Ja, der Hund kann Angst vor dem Hundeführer bekommen.

B Ja, der Hund kann aggressiv werden, wenn er sich bedroht fühlt oder Schmerzen empfindet.

C Ja, denn wenn man im falschen Moment den Hund bestraft, kann er die Verbindung zwischen Strafe und unerwünschtem Verhalten nicht herstellen.
D Nein, man braucht keine Probleme zu erwarten, denn Strafe ist etwas, was der Hund immer versteht.

84

Wie häufig und wie lange sollte man mit dem Hund üben?

A Ein Mal am Tag eine Stunde.
B Häufig und nicht zu lang ist für viele Hunde der optimale Weg.
C Es ist besonders wichtig, dass man täglich immer zur selben Zeit übt, wie lange, ist abhängig vom Trainingsstand des Hundes.
D Zwei Übungen auf jedem Spaziergang sind absolut ausreichend, sonst wird der Hund überfordert.

85

Nennen Sie Möglichkeiten einen Hund zu belohnen.

A Mit Futterhäppchen.
B Mit Spielzeug oder einem Spiel.
C Den Kopf freundlich tätscheln, denn das lieben alle Hunde besonders.
D Man braucht einen Hund nicht extra zu belohnen, er weiß, dass er brav war, wenn er die Übung gut beherrscht.

86

Welche Strafen sind in der Hundeerziehung sinnvoll?

A Schläge, denn Hunde untereinander sind auch nicht zimperlich.
B Lautes Anschreien und gleichzeitiges leichtes Schlagen mit der Zeitung.
C Ignorieren, wenn es die Situation zulässt.
D Der Strafeinsatz ist nur sinnvoll, wenn alle Regeln, die für das Funktionieren einer Strafe erforderlich sind, präzise eingehalten werden. Dies ist außerordentlich schwer.

87

Wie kann man vermeiden, dass der Hund durch Strafen das Vertrauen in seinen Besitzer verliert?

A Die Strafe darf nicht mit dem Tierhalter verknüpft werden.
B Bei einer indirekten Strafe, wie mit der Wasserpistole zu spritzen, wenn der Hund nicht bemerkt, woher die Strafe kommt.
C Bei einer indirekten Strafe, wie mit der Wasserpistole zu spritzen. Dabei sollte man gleichzeitig schimpfen, sonst versteht der Hund nicht, woher das Wasser kam.
D Beim Schütteln am Nackenfell und gleichzeitigem Schimpfen, denn auch eine Hündin maßregelt auf diese Art und Weise ihre Welpen.

88

Was kann passieren, wenn man einen Hund als Erziehungsmaßnahme häufig und hart bestraft?

A Er wird die Übung schnell und zuverlässig ausführen, denn so lernt er, dass er brav sein muss.
B Er kann scheu und unsicher werden, weil er kein Vertrauen mehr zu seinem Besitzer hat.

C Es passiert nichts Schlimmes. Hunde untereinander verhalten sich auch rigoros. Er wird also große Freude bei den Übungen haben, wenn er erst verstanden hat, worum es geht.

D Er könnte unter Umständen aggressiv reagieren, weil er sich bedroht fühlt.

89

Ein ängstlicher Hund verliert seine Angst am schnellsten,

A wenn ich ihn streichle und mit Worten beruhige.

B wenn ich mich selbst ruhig und normal verhalte und ihm Schutz biete.

C wenn ich ihn strikt ignoriere.

D wenn ich Körperkontakt zulasse und ggf. ruhig mit ihm spreche.

90

Wie lernt ein Hund am besten alleine zu Hause zu bleiben?

A Er sollte im gesamten ersten halben Jahr niemals alleine zu Hause gelassen werden. Später bereitet es dem Hund keine Probleme mehr.

B Im Idealfall beginnt man das Training in Welpentagen mit ersten ganz einfachen und kurzen Übungen.

C Man sollte den Hund in kleinen Schritten an die Situation gewöhnen.

D Es ist hierfür keinerlei Training erforderlich.

91

Warum zerstören manche Hunde Teile der Wohnung, wenn sie alleine zu Hause bleiben müssen?

A Aus Langeweile.

B Sie wollen sich am Besitzer rächen, denn am liebsten wären sie mitgegangen.

C Solche Hunde leiden häufig unter sogenannter Trennungsangst.

D Der Hund hat vermutlich Hunger.

92

Können Hunde ein schlechtes Gewissen haben?

A Ja, aber nur, wenn sie vorher gelernt haben, dass sie bestimmte Dinge nicht tun dürfen.

B Nein, Hunde haben keine Moralvorstellung wie Menschen. Für sie gibt es kein Gut oder Böse.

C Nein, obwohl es manchmal so aussieht. In Wirklichkeit haben sie eine negative Verknüpfung mit dem Besitzer gemacht und zeigen eine angeborene Körperhaltung, die Unterwürfigkeit und Ängstlichkeit signalisiert. Sie soll den Besitzer beschwichtigen.

D Ja, allerdings nur, wenn ihre Tat nicht länger als einen halben Tag zurückliegt, denn sie können sich Dinge nur einen halben Tag lang merken.

93

Bei Ihrer Rückkehr sehen Sie, dass Ihr Hund einen Haufen in die Wohnung gemacht hat. Warum kommt Ihr Hund geduckt zu Ihnen, als hätte er ein schlechtes Gewissen?

A Der Hund kommt mir unterwürfig entgegen, um mich zu beschwichtigen.

B Der Hund hat Angst vor meiner Reaktion.

C Der Hund weiß genau, was er gemacht hat und kommt deshalb geduckt auf mich zu.

D Der Hund hat ein schlechtes Gewissen.

94

Wie reagieren Sie, wenn Sie aus der Wohnung gehen und Ihren Hund bellen oder heulen hören?

A Ich gehe sofort zurück und bestrafe ihn, denn er muss leise sein, wenn ich nicht da bin.

B Ich mache gar nichts, denn ich finde es gut, dass mein Hund wachsam ist und viel bellt.

C Ich gehe sofort zurück. Für die Zukunft überlege ich mir spezielle Übungen, um den Hund schrittweise an das ruhige Alleinebleiben zu gewöhnen.

D Ich suche Rat bei einem auf Verhaltensprobleme spezialisierten Tierarzt, denn es handelt sich vermutlich um ein Trennungsangstproblem.

95

Was passiert, wenn man mit dem Hund eine bestimmte Übung immer nur am gleichen Ort macht?

A Er wird sie an anderen Orten gar nicht oder nicht genauso gut ausführen.

B Lernen ist nicht von einem bestimmten Ort abhängig. Er wird die Übung, wenn man sie häufig an einem Ort geübt hat, bald überall sicher ausführen können.

C Der Ort ist nicht wichtig im Hundetraining. Wichtig ist, dass man immer zur selben Tageszeit übt, damit der Hund sich an einen geregelten Tagesablauf gewöhnt.

D Es könnte passieren, dass der Hund diese Übung ohne Befehl macht, sobald er an diesen Ort kommt, weil er die Übung mit dem Ort verknüpft hat.

96

Ihr Hund hat in die Wohnung gemacht. Wie reagieren Sie?

A Ich nehme den Hund mit zu der Stelle, zeige ihm sein Geschäft und schimpfe mit ihm.

B Ich packe den Hund, trage ihn zum Ort des Vergehens und stoße ihn mit der Nase hinein, damit er es nie wieder macht.

C Ich begrüße den Hund normal und versuche mir meinen Ärger nicht anmerken zu lassen. Ich muss klären, was die Ursache ist. Vielleicht habe ich ihn zu lange alleine gelassen.

D Ich beseitige das Geschäft kommentarlos.

97

Worauf muss man beim Einsatz von Belohnungen achten?

A Der Hund muss bis spätestens zwei Sekunden nach der erwünschten Handlung belohnt werden.

B Die Belohnung muss so gewählt werden, dass sie den Hund motiviert, aber ihn noch konzentrationsfähig hält.

C Futterbelohnungen sind nicht geeignet, denn sie verleiten den Hund nur zum Betteln.

D Der Hund sollte im Trainingsaufbau immer belohnt werden, wenn er das erwünschte Verhalten zeigt.

98

Was passiert, wenn man ein bestimmtes Verhalten mit Futter belohnt?

A Der Hund wird dieses Verhalten in Zukunft häufiger zeigen, weil er sich eine leckere Belohnung erhofft.

B Der Hund macht diese Handlung nur noch, wenn er sieht, dass man Futter dabei hat.

C Der Hund wird unnötig verweichlicht, denn eigentlich soll er aus Treue zu mir brav sein und nicht, weil ich ihn mit Futter besteche.

D Der Hund wird mich als „Rudelführer“ nicht mehr ernst nehmen, weil er weiß, dass er bei mir Futter bekommen kann.

99

Wie kann man einen Hund dazu motivieren, zu einem zu kommen?

A Man kann sich hinhocken und ihn locken.

B Man sollte sich etwas nach vorne beugen und ihn drohend rufen, damit er weiß, wer das Sagen hat.

C Man sollte dafür Sorgen, dass er sich unwohl fühlt, wenn er sich zu weit entfernt. Dies kann man erreichen, indem man ihn in der Distanz erschrickt, beispielsweise indem man eine laute Rappeldose in seine Nähe wirft.

D Durch ein sauber auftrainiertes Rückrufsignal.

100

Ist der Einsatz von Stromreizgeräten für die Hundeerziehung sinnvoll?

A Ja, denn es ist eine einfache und schnelle Methode, die sehr erfolgreich in der Erziehung eingesetzt werden kann.

B Der Einsatz von Stromreizgeräten ist in Deutschland verboten.

C Nein, die Gefahr von Fehlverknüpfungen und Angstverhalten als Folge ist zu groß.

D Nein, durch den Strom wird eine Schmerzreaktion und starker Stress ausgelöst.

101

Darf man ängstlichen Hunden einen Maulkorb aufziehen, wenn es die Situation erfordern würde?

A Nein, auf keinen Fall. Der Hund würde hierdurch noch mehr Angst bekommen.

B Ja, besonders wenn man den Hund schrittweise daran gewöhnt, stellt der Maulkorb keine Belastung dar.

C Nein, denn ein ängstlicher Hund braucht sowieso keinen Maulkorb, weil er nicht aggressiv ist.

D Ja, denn unabhängig von der Ängstlichkeit muss man seinem Hund manchmal einen Maulkorb anlegen, wenn es die Situation erfordert.

102

Welche der aufgeführten Erziehungshilfsmittel sind sinnvoll?

A Leine und Halsband oder Leine und Geschirr.

B Teletakt oder Stromreizgeräte.

C Kopfhalfter.

D Geschirre, deren Bänder unter den Achseln lang laufen.

103

Welche Hilfsmittel in der Hundeerziehung sind tierschutzrechtlich bedenklich bzw. verboten?

A Stachelhalsbänder.
B Kopfhalfter.
C Stromimpulsgeräte.
D Clicker.

104

Was ist ein Kopfhalfter (z. B. Halti, Gentle Leader)?

A Es ist eine Vorrichtung, mit der der Hund am Fahrrad läuft.
B Ein Band, das an der Schnauze des Hundes angelegt wird. Der Hund kann damit sicherer geführt werden.
C Es ist eine kleine Tasche, in der man die Leine verstauen kann.
D Es ist ein besonderer Maulkorb. Das Beißen wird verhindert.

105

Bietet ein Kopfhalfter im Vergleich zu Halsbändern oder Geschirren Vorteile?

A Ja, denn man kann den Kopf des Hundes lenken und kontrollieren.
B Nein, es hat keine Vorteile. Im Gegenteil, die Verletzungsgefahr von Nase und Halswirbelsäule ist erheblich.
C Ja, denn das Kräfteverhältnis zwischen Mensch und Hund wird zugunsten des Menschen verschoben.
D Nein, es hat den Nachteil, dass der zur Erziehung des Hundes notwendige Leinenruck nicht mehr ausgeführt werden kann.

106

Für das Training der Leinenführigkeit ist es unabdingbar,

A dem Hund zu vermitteln, dass das Laufen an der Seite des Menschen für ihn angenehme Folgen hat (etwa den Erhalt einer Belohnung).
B ein Geschirr einzusetzen, bei dem dünne Schnüre unter den Achseln des Hundes entlang laufen. Beim Zug an der Leine entstehen dem Hund dann große Schmerzen und er hört sofort auf zu ziehen.
C dem Hund ein Halsband anzulegen, dass sich automatisch beim Zug an der Leine zusammenzieht.
D dem Hund ein Geschirr anzuziehen, wie es auch Blindenführhunde tragen. An dem dort befestigten Führbügel kann der Hund jederzeit gebremst und gelenkt werden.

107

Kann man mit einem Kopfhalfter Probleme leichter in den Griff bekommen?

A Ja, z. B. das Ziehen an der Leine.
B Ja, das Beißen, da der Hund das Maul nicht aufbekommt.
C Nein, im Gegenteil: Der Einsatz eines Kopfhalfters ist tierschutzrechtlich bedenklich.
D Nein, Kopfhalfter sind bloß eine Modeerscheinung.

108

Birgt der Einsatz von Stachelhalsbändern bestimmte Gefahren?

A Ja, es entsteht dem Hund ein hohes Maß an Unwohlsein und kann zudem die Haut verletzen.

B Nein, es birgt keine Gefahr, wenn man es richtig einsetzt.
C Ja, durch die schmerzhafte Einwirkung wird Stress erzeugt.
D Ja, es kommt in vielen Fällen zu fehlerhaften Verknüpfungen und die Hunde können aggressiver werden.

109

Auf dem Hundespaziergang kommt einem ein Reiter entgegen. Wie soll man sich verhalten?

A Wenn der Hund Pferde kennt, braucht man nichts zu unternehmen, denn dann hat der Hund keine Angst.
B Man sollte den Hund heranrufen und an die Leine nehmen, bis Pferd und Reiter vorbei sind und man sicher weiß, dass der Hund nicht hinterherrennen wird.
C Wenn der Reiter nur Schritt reitet, ist keine Gefahr gegeben, denn das langsame Reiten verleitet nicht zum Jagen.
D Man sollte seinen Hund grundsätzlich unter Kontrolle nehmen, da manche Pferde auch bei ruhigen und freundlichen Hunden ängstlich reagieren und dadurch Unfälle passieren können.

110

Aus welchem Grund ist es ratsam, dem Hund frühestmöglich beizubringen, nicht an Leuten hochzuspringen?

A Hunde können durch das Anspringen Menschen erschrecken.
B Hunde können durch das Anspringen Kleidung beschmutzen oder zerreißen.
C Da es ein Zeichen großer Freude ist und nichts mit Aggressivität zu tun hat, wenn ein Hund springt, muss man dem Hund das Anspringen nicht abgewöhnen. Es ist eine freundliche Geste.
D Das ist eine Frage der Rücksichtnahme gegenüber den anderen Menschen.

111

Auf einer Wiese spielt eine Gruppe von Kindern Fußball. Wie verhalten Sie sich mit Ihrem frei laufenden Hund?

A Wenn dies ein Hundeauslaufgebiet ist, darf ich den Hund frei laufen lassen. Ich erkläre den Fußballspielern das und schicke sie weg.
B Ich muss gar nichts unternehmen, denn mein Hund ist nicht aggressiv. Für den Fall, dass er im Übermut den Ball kaputt machen sollte, habe ich eine Haftpflichtversicherung.
C Ich leine den Hund vorsichtshalber an, bis ich an den Ball spielenden Kindern vorbei bin und sicher weiß, dass der Hund nicht zurücklaufen wird.
D Ich muss in solchen Situationen nur einen großen Hund anleinen, denn ein kleiner Hund kann einem Kind nicht gefährlich werden.

112

Unter welchen Umständen sollte ich meinen Hund in der Öffentlichkeit zu anderen Hunden hinlaufen lassen?

A Im Hundeauslaufgebiet immer.
B Wenn ich mit dem anderen Hundehalter abgeklärt habe, dass Kontakt erwünscht ist und die Hunde frei laufen können.

C Niemals an der Straße und nicht an der Leine oder wenn sich andere Menschen oder Tiere durch die spielenden Hunde belästigt fühlen oder gefährdet werden könnten.

D Wenn der andere Halter keinen Kontakt wünscht, nie!

113

Kann es Probleme geben, wenn zwei angeleinte Hunde miteinander Kontakt aufnehmen?

A Ja, denn Hunde fühlen sich an der Leine grundsätzlich stärker und es kommt daher häufiger zu einer Rauferei.

B Ja, denn wenn die Hunde umeinander herumlaufen, können sich die Leinen verheddern. Die Gefahr einer Rauferei ist dann sehr groß, da keiner der Hunde ein normales Sozialverhalten zeigen kann. Bei verhedderten Leinen ist es schwerer, eine Rauferei zu beenden.

C Ja, da Hunde an der Leine nicht ausweichen können, sind sie oft unsicherer und reagieren schneller aggressiv.

D Nein, die Leine hat keinen Einfluss auf das Verhalten der Hunde.

114

Wie verhalten Sie sich, wenn Sie auf dem Hundespaziergang an einem Kinderspielplatz vorbeikommen?

A Mein Hund liebt Kinder. Ich schaue, ob Kinder da sind, damit mein Hund mit den Kindern toben kann.

B In der Nähe von Kinderspielplätzen leine ich meinen Hund an. Dadurch kann ich vermeiden, dass sich jemand belästigt oder gefährdet fühlt.

C Wenn keine Kinder da sind, lasse ich den Hund laufen, denn er liebt es durch den Sand zu rennen.

D Ich habe einen kleinen Hund, der keine Gefahr für Kinder darstellt, deshalb lasse ich ihn laufen.

115

In welcher der folgenden Situationen ist es angebracht, den Hund an der Leine zu halten?

A In der Innenstadt und an stark befahrenen Straßen.

B Im Treppenhaus und auf Zugangswegen von Mehrfamilienhäusern.

C In Hotels, in Geschäften oder in Restaurants.

D In einem Hundeauslaufgebiet, wenn kein anderer Hund da ist, denn dann kann der Hund sowieso nicht spielen.

116

Der eigene Hund ist plötzlich in eine Rauferei verwickelt. Wie sollte man reagieren?

A Man sollte die raufenden Hunde solange möglichst laut anschreien, bis sie aufhören sich zu raufen.

B Es gibt keine Patentlösung. Bei jeder Form von Einmischung besteht ein hohes Risiko von Verletzungen für Hund und Mensch. Wenn beide Hunde grundsätzlich ein normales Hundeverhalten gelernt haben, ist es das Beste, sich gar nicht einzumischen. Beide Besitzer sollten sich kommentarlos und möglichst zügig in entgegengesetzter Richtung von den Hunden entfernen.

C Wenn nur zwei Hunde in die Rauferei verwickelt sind, sollte man die Hunde trennen, indem man am Schwanz oder an den Hinterbeinen zieht, und zwar gleichzeitig bei beiden Hunden.

D Man sollte den Hund, der angegriffen worden ist, hinterher trösten und den anderen streng zurechtweisen und bestrafen.

117

Was kann man tun, wenn man nach einigen problematischen Begegnungen mit anderen Hunden feststellt, dass sich der eigene Hund mit Artgenossen nicht verträgt?

A Man sollte Rat bei einem Hundetrainer, der moderne Methoden der Hundeerziehung anwendet oder einem Tierarzt suchen, der auf Verhaltenstherapie spezialisiert ist.

B Man muss nichts unternehmen, denn es ist normal, dass sich Hunde auf dem Spaziergang mit Artgenossen beißen.

C Man sollte so einen Hund nicht behalten, sondern ins Tierheim geben oder einschläfern lassen, denn er stellt eine Gefahr dar.

D Man kann nicht mehr tun, als dem Hund einen Maulkorb anzulegen. Das Verhalten kann man nicht beeinflussen.

118

Wie verhalten Sie sich, wenn Ihnen ein Jogger entgegenkommt und Ihr Hund frei läuft?

A Ich brauche nichts zu unternehmen, weil mein Hund höchstens zu dem Jogger hinläuft, ihn aber nicht belästigt oder beißt.

B Ich rufe meinen Hund zu mir, leine ihn an und lasse ihn erst wieder los, wenn ich sicher weiß, dass er den Jogger nicht verfolgen wird.

C Ich renne ein Stückchen mit dem Jogger mit. Das lenkt meinen Hund vom Jogger ab, denn er konzentriert sich dann nur auf mich.

D Ich bitte den Jogger, möglichst langsam zu laufen, damir er meinen Hund nicht zum Hinterherrennen verleitet.

119

Wer ist für das Entfernen von Hundekot verantwortlich?

A Die Städte, denn dafür wird Hundesteuer bezahlt.

B Der Halter.

C Die Allgemeinheit. Jeder, der einen Hundehaufen sieht, muss ihn entfernen.

D Niemand. Hundekot muss nicht entfernt werden, denn er ist etwas ganz Natürliches, mit dem man leben muss.

120

Wie verhalten Sie sich, wenn Ihr Hund frei läuft und Ihnen eine Person mit angeleintem Hund entgegenkommt?

A Ich lasse meinen Hund immer zu dem anderen Hund laufen, denn meiner beißt nicht und Sozialkontakte mit Artgenossen sind wichtig für sein Wohlbefinden.

B Ich rufe meinen Hund zu mir und leine ihn auch an

C Ich frage den Besitzer des anderen Hundes, ob mein Hund seinen Hund begrüßen darf, falls ja, lasse ich ihn hinlaufen, andernfalls leine ich ihn an und lasse ihn erst wieder frei, wenn ich sicher weiß, dass er nicht zu dem anderen Hund laufen wird.

D Ich rufe meinen Hund und leine ihn an. Ich stelle mich mit meinem Hund so hin, dass der andere Hundebesitzer ausreichend Abstand halten kann, wenn er mit seinem Hund an uns vorbeigeht. Während dieser Begegnung achte ich darauf, dass mein Hund den anderen Hund weder belästigt noch provoziert.

121

Auf einer Hundewiese macht eine Gruppe von Kindern Picknick. Wie verhalten Sie sich, wenn Sie mit Ihrem frei laufenden Hund dort vorbeikommen?

A Da ich sicher weiß, dass mein Hund Kindern nichts tut, lasse ich ihn laufen.

B Ich leine meinen Hund auf jeden Fall an, denn ich möchte nicht, dass sich andere Menschen durch meinen Hund bedrängt fühlen oder Angst bekommen.

C Ich rufe den Kindern laut zu, dass mein Hund nichts tut.

D Ich erkläre den Kindern, dass picknicken in einem Hundeauslaufgebiet verboten ist und schicke sie weg.

122

Wie verhalten Sie sich, wenn Ihnen auf dem Hundespaziergang jemand entgegenkommt, der seinen Hund beim Erblicken Ihres Hundes auf den Arm nimmt?

A Ich nehme meinen Hund auch auf den Arm und gehe vorbei.

B Ich rufe meinen Hund zu mir und leine ihn an. Beim Vorbeigehen an der anderen Person achte ich darauf, dass er weder an ihr schnüffelt noch hochspringt.

C Ich lasse meinen Hund zu dem Spaziergänger laufen, weil ich weiß, dass mein Hund freundlich ist und nicht springt.

D Ich lasse meinen Hund laufen und rufe dem anderen Besitzer zu, dass er seinen Hund runter lassen kann, weil meiner nichts tut.

123

Wie sollte man sich als Halter eines unkastrierten Rüden verhalten, wenn einem auf dem Hundespaziergang eine läufige Hündin begegnet?

A Man darf seinen Rüden frei laufen lassen, denn die Hündin muss an der Leine geführt werden, wenn sie läufig ist.

B Man sollte seinen Rüden heranrufen und anleinen. Erst wenn man sicher weiß, dass er der Hündin nicht hinterherlaufen wird, kann man ihn wieder ableinen.

C Man sollte den Besitzer der Hündin darüber aufklären, dass er in öffentlichen Gebieten nicht mit einer läufigen Hündin laufen darf.

D Wenn die Hündin nicht gerade ihre „Steh-Tage“ hat, darf man den Rüden ausgiebig mit der Hündin toben lassen, denn für ihn ist ein Kontakt mit einer läufigen Hündin eine bereichernde Erfahrung, die er, so oft es geht, machen sollte.

124

Plötzlich kommt auf dem Spaziergang ein fremder Hund und knurrt den eigenen an. Wie verhalten Sie sich?

A Ich nehme meinen Hund schnell hoch, damit er nicht gebissen wird.

B Ich stelle mich schützend vor meinen Hund und bin bereit, notfalls nach dem anderen Hund zu schlagen, wenn dieser noch näher kommt.

C Ich entferne mich zielstrebig, damit mein Hund möglichst schnell aus der Gefahrenzone kommt.

D Ich bleibe stehen. Die Hunde werden diese Situation vermutlich in einer Rauferei klären. Das ist normales Hundeverhalten und ich muss ihnen Zeit geben, sich wie Hunde verhalten zu können.

125

Auf dem Hundespaziergang kommen Ihnen Leute entgegen, die sich angesichts Ihres Hundes deutlich unwohl fühlen. Wie verhalten Sie sich?

A Wenn es ein Ort ist, an dem man den Hund laufen lassen darf und der Hund brav ist, muss ich nichts unternehmen.

B Ich gehe auf die Leute zu und versichere, dass der Hund ganz lieb ist.

C Ich rufe meinen Hund zu mir und erkläre ihm, dass die Leute Angst vor ihm haben. Ich sage ihm auch, dass er deswegen nicht traurig sein soll.

D Ich leine meinen Hund sofort an und trage dafür Sorge, dass er seine Konzentration (seinen Blick) auf mich gerichtet hält, während ich an den Menschen vorbei gehe. Andere Menschen sollen sich durch meinen Hund nicht bedroht fühlen.

126

Sollte man, wenn man einen Hund übernimmt, mit dem Hund zum Tierarzt gehen, auch wenn der Hund einen gesunden Eindruck macht?

A Ja, damit der Tierarzt anhand des Impfpasses überprüfen kann, ob der Hund ausreichend geimpft ist.

B Ja, damit sich der Hund an den Tierarzt und die Abläufe in der Praxis gewöhnt.

C Nein, so etwas ist nicht notwendig und reine Geldverschwendung.

D Ja, damit der Tierarzt den Hund möglichst auch einmal gesund kennen lernen kann. Er kann dann krankheitsbedingtes Verhalten besser einordnen.

127

Gibt es Dinge, die man prophylaktisch tun kann, damit der Hund gesund bleibt?

A Ja, der Hund sollte z. B. regelmäßig gegen die für Hunde besonders gefährlichen Infektionskrankheiten Staupe, Hepatitis canis, Parvovirose, Leptospirose und Tollwut geimpft werden.

B Ja, man sollte den ganzen Körper z. B. beim Bürsten täglich genau anschauen, um Veränderungen oder Parasitenbefall sofort zu erkennen.

C Ja, der Hund sollte nur das beste Futter bekommen. Das ist in aller Regel auch das teuerste.

D Ja, einmal wöchentlich sollte man den Hund baden.

128

Wieviel Bewegung braucht ein Hund?

A Das ist abhängig von der Größe, dem Alter und dem Gesundheitszustand.

B Hunde brauchen nicht viel Bewegung. Es sind Tiere, die die Gemütlichkeit lieben.

C Zu viel Bewegung schadet den Gelenken.

D Das ist abhängig von der Fütterung.

129

In welchem Bereich liegt die normale Körpertemperatur des Hundes?

A Im After gemessen um 38 °C.

B Im After gemessen um 36 °C.

C Solange die Nase kühl und feucht ist, hat der Hund kein Fieber. Fiebermessen ist dann nicht nötig.

D Ab einer Temperatur von 39,3 °C hat ein erwachsener Hund Fieber.

130

Ist es in Deutschland für alle Hunde grundsätzlich vorgeschrieben, sie mit einem Mikrochip kennzeichnen zu lassen?

A Nein, es ist nur für bestimmte Hunde vorgeschrieben, aber es ist generell sinnvoll, denn per Mikrochip kann der Hund immer seinem Besitzer zugeordnet werden. Der Mikrochip ist unveränderbar und nicht zu fälschen.

B Nein, nur für die, die im Flugzeug transportiert werden.

C Ja, für alle.

D Nein. Die Bundesländer haben diesbezüglich unterschiedliche Gesetze.

131

Wie oft sollte ein Hund entwurmt werden?

A Alle zwei Jahre.

B Immer nach einer positiven Kotuntersuchung oder prophylaktisch alle drei Monate, denn ein Hund kann sich jederzeit mit Würmern infizieren.

C Einmal nach dem Absetzen der Muttermilch.

D Ein Hund muss nicht entwurmt werden, der Darm reinigt sich selbst.

132

Bei einer Kastration werden

A beim männlichen Tier die Hoden entfernt, weibliche Tiere werden sterilisiert.

B die Hoden bzw. die Eierstöcke und ggf. die Gebärmutter entfernt.

C die Eileiter bzw. Samenleiter durchtrennt.

D die Tiere unwiederbringlich zeugungsunfähig gemacht.

133

Geben Sie die Dauer der Trächtigkeit einer Hündin an.

A 3 Monate.

B Je nach Rasse zwischen vier Wochen und zwei Monaten.

C 9 Monate.

D 60–65 Tage.

134

Kann eine Hündin bei der ersten Läufigkeit schon erfolgreich gedeckt werden?

A Ja.

B Nein.

135

Nennen Sie einige Parasiten, die auch in Deutschland sehr häufig vorkommen.

A Zecken.

B Milben.

C Flöhe.

D Kratzwürmer.

136

Wann werden die meisten Hündinnen das erste Mal läufig?

A Wenn sie ausgewachsen sind.

B Zwischen 6 und 12 Monaten.

C Mit 18 Monaten.

D Wenn man sie von Junghundefutter auf Erwachsenennahrung umstellt.

137

Wie viel sollte ein Hund zu fressen bekommen?

A So viel, wie er braucht, damit er eine schlanke Figur hat und weder zu- noch abnimmt.

B Hunden kann man Futter zur freien Verfügung hinstellen, sie fressen nur so viel, wie sie brauchen.

C Hunde sollten stets genug zu fressen bekommen. Die Einhaltung eines Fastentages pro Woche ist aber von ausschlaggebender Wichtigkeit für das Wohlbefinden und die Gesundheit.

D Hunde sollten immer ein bisschen Hunger haben, denn sonst neigen sie zu Ungehorsam.

138

In welcher Form sollte man dem Hund das Fressen darreichen?

A Unbedingt zweimal täglich im Napf, zwischendurch darf der Hund nichts bekommen.

B Futter muss immer zur freien Verfügung bereitstehen, denn Hunde wissen selbst am besten, wie viel sie brauchen.

C Hunde brauchen weder feste Fressenszeiten noch einen festen Fütterungsort. Auch die gesamte Tagesration in Übungen als Futterbelohnung oder zur spielerischen Beschäftigung einzusetzen, ist bei gesunden Hunden ebenfalls nicht gesundheitsschädlich.

D Eine sinnvolle Regel im Alltag ist es, den Hund vor der Fütterung und vor der Verteilung eines Snacks stets ein paar Übungen machen zu lassen.

139

Macht die Fütterung mit rohem, blutigem Fleisch einen Hund aggressiv?

A Ja, denn wenn Hunde einmal Blut geschmeckt haben, wollen sie es immer wieder haben.

B Nein, der Geschmack des Fressens hat nichts mit der Aggressionsbereitschaft zu tun.

C Ja, denn der Eiweißanteil ist in rohem, blutigem Fleisch besonders hoch.

D Nein, weil der Hund zufrieden ist, wenn er rohes, blutiges Fleisch gefressen hat und dann keinen Grund mehr zu aggressivem Verhalten hat.

140

Man ertappt zwei Hunde beim Deckakt in der Phase des „Hängens". Was kann man tun?

A Man sollte den Rüden so schnell wie möglich von der Hündin wegreißen, wenn kein Nachwuchs erwünscht ist.

B Man kann in diesem Moment nichts mehr tun. Die Dinge nehmen ihren Lauf. Man sollte möglichst sofort danach mit dem Tierarzt über bestehende Möglichkeiten sprechen.

C Man sollte die Hunde schnellstmöglich mit kaltem Wasser übergießen, um den Deckakt zu unterbinden und eine Trächtigkeit zu verhindern.

D Man darf die Tiere auf keinen Fall trennen, weil sie schwere Verletzungen an den Geschlechtsorganen bekommen würden. Man muss die gesamte Dauer des Deckaktes, also auch die Zeit des „Hängens" abwarten.

141

Wann kann eine Scheinträchtigkeit bei einer Hündin auftreten?

A Kurz vor der Läufigkeit.
B 4–9 Wochen nach der Läufigkeit.
C Unabhängig von der Läufigkeit.
D Hündinnen werden nur scheinträchtig, wenn sie gedeckt wurden, aber die Eizellen nicht befruchtet worden sind.

142

Woran erkennen Sie die Läufigkeit einer Hündin?

A Das erste Anzeichen ist, dass sie plötzlich sehr zum Streunen und Ungehorsam neigt.
B Sie setzt häufiger als üblich Urin ab. Ihre Vulva ist stark angeschwollen.
C Sie hat Durchfall.
D Sie blutet aus der Scheide.

143

Ein sonst aktiver Hund ist ungewöhnlich ruhig und interessiert sich nicht besonders für das tägliche Geschehen. Was könnte das bedeuten?

A Gar nichts. Es ist nicht schlimm, wenn der Hund ruhig ist.
B Er könnte traurig sein. Man sollte sich besonders intensiv um den Hund kümmern, um ihn aufzumuntern.
C Das veränderte Verhalten kann ein Hinweis darauf sein, dass mit dem Tier etwas nicht stimmt. Man sollte das beim Tierarzt abklären lassen.
D Man sollte ihm sein Lieblingsfutter anbieten. Erst wenn er das nicht mehr frisst, wird ein Tierarztbesuch erforderlich.

144

Was ist zu tun, wenn der Hund seit zwei Tagen schlimmen Durchfall und Erbrechen hat?

A Man sollte zum Tierarzt gehen. Der Hund kann innerhalb weniger Tage in lebensbedrohlicher Weise austrocknen.
B Man sollte dem Hund Kohletabletten verabreichen.
C Man muss dafür Sorge tragen, dass der Hund genug Flüssigkeit bekommt, die er auch bei sich behält. Notfalls über eine Infusion vom Tierarzt.
D Man sollte dem Hund Milch geben.

145

Wie wird Tollwut übertragen?

A Durch Körperkontakt mit einem an Tollwut erkrankten Tier.
B Über den Speichel eines tollwutkranken Tieres z. B. durch einen Biss oder das Belecken einer verletzten Haut- oder Schleimhautstelle.
C Durch das Anfassen von Fuchskot.
D Mücken stellen eine gefährliche Infektionsquelle für Tollwut dar.

146

Die Magendrehung ist eine lebensgefährliche Erkrankung. Folgende Aussagen sind zutreffend:

A Eine Magendrehung tritt hauptsächlich bei großen Hunden mit tiefem und breitem Brustkorb auf.
B Hunde sollten direkt nach dem Fressen eine Ruhepause einhalten.
C Hunde sollten direkt nach dem Fressen laufen, um schneller verdauen zu können.

- **D** Im Verdachtsfall muss der Hund schnellstmöglich einem Tierarzt vorgestellt werden, da für die Rettung des Hundes im Ernstfall nur wenig Zeit bleibt.

147

Warum ist es wichtig, einen Hund regelmäßig gegen Tollwut impfen zu lassen?

- **A** Die Tollwutimpfung ist für alle großen Hunde in Deutschland zwingend vorgeschrieben.
- **B** Tollwut ist eine unheilbare und stets tödlich verlaufende Erkrankung, mit der sich auch Menschen infizieren können.
- **C** Eine Tollwutimpfung ist überflüssig; Tollwut kommt in Deutschland überhaupt nicht mehr vor.
- **D** Tollwutgeimpfte Hunde stehen gesetzlich besser da als ungeimpfte, sie werden im Verdachtsfall nicht umgehend getötet.

148

Was ist bei der Fütterung von Knochen zu beachten?

- **A** Es kann zu Zahnfrakturen kommen.
- **B** Knochensplitter können Verletzungen am Zahnfleisch, dem Magen oder Darm verursachen.
- **C** Durch das Benagen von Knochen halten Hunde ihre Zähne frei von Zahnstein.
- **D** Größere Mengen Knochen in der Ration führen zu starker Verstopfung.

149

Wenn im Mietvertrag kein Hinweis zu finden ist, ob Tierhaltung erlaubt ist, darf man sich dann einen Hund anschaffen?

- **A** Nein, erst muss man die Erlaubnis des Vermieters einholen.
- **B** Ja, aber nur einen Hund, der kleiner als 40 cm Schulterhöhe ist.
- **C** Ja, ansonsten müsste ein Haltungsverbot extra erwähnt werden.
- **D** Nein, man muss erst die Zustimmung der anderen Mieter einholen.

150

Welche Nachteile kann die Kastration einer Hündin bringen?

- **A** Kastrierte Hündinnen werden immer dick.
- **B** Hündinnen werden in aller Regel durch die Kastration gefährlich aggressiv.
- **C** Fellveränderungen können auftreten.
- **D** Ein kleiner Prozentsatz der kastrierten Hündinnen wird inkontinent.

151

Was sind typische Symptome einer Scheinträchtigkeit?

- **A** Anschwellen des Gesäuges und gegebenenfalls Milchausfluss.
- **B** Lustlosigkeit und gelegentlich eine stärkere Tendenz zu gereiztem oder aggressivem Verhalten
- **C** Spielzeug umhertragen und behüten.
- **D** Vermehrter Durst.

152

Wie können Sie dafür sorgen, dass die Zähne Ihres Hundes gesund bleiben?

A Zähne putzen.
B Möglichkeiten zum Kauen anbieten (z. B. harte Hundekuchen, Kauknochen).
C Weichfutter anbieten, das nutzt die Zähne nicht so stark ab.
D Anzeichen möglicher Probleme sofort nachgehen (z. B. Mundgeruch, Schmerzen, Appetitlosigkeit, Speicheln).

153

Wie oft muss ein grundimmunisierter Hund gegen Tollwut geimpft werden?

A Alle 6 Monate.
B Sie variiert je nach Impfstoffhersteller. Auch Reisen ins Ausland können ein Abweichen vom normalen Rhythmus gegebenenfalls erforderlich machen.
C Nach der Grundimmunisierung ist keine weitere Impfung erforderlich.
D Vor jeder Wurmkur, mindestens aber viermal jährlich.

154

Was sind Anzeichen eines Flohbefalls?

A Juckreiz.
B Mein Hund kann keine Flöhe haben, da ich ihn regelmäßig bade.
C Beim Kämmen findet man kleine schwarze Krümel im Fell.
D Flohbefall kann nur der Tierarzt mittels eines aufwendigen Testverfahrens feststellen.

155

Darf man seinen Hund neben dem PKW herlaufen lassen?

A Nur, wenn man es eilig hat.
B Nein, das ist laut Straßenverkehrsordnung verboten.
C Ja, wenn der Hund langsam daran gewöhnt wird.
D Ja, aber nur auf Feldwegen.

156

Welche Rechtsgebiete können für Hundehalter relevant sein?

A Strafrecht, Zivilrecht und Ordnungswidrigkeitenrecht.
B Kommunale Bestimmungen.
C Tierschutzrecht.
D Keines, man kann sich notfalls damit herausreden, dass man den Gesetzestext nicht kennt.

157

Was ist zur Mitnahme von Hunden im Auto zu sagen?

A Der Hund sollte auf dem Beifahrersitz sitzen, denn dies ist der sicherste Ort im Auto.
B Ein Hund darf nur im Kofferraum transportiert werden.
C Der Hund muss im Auto gesichert, d. h. mit einem TÜV-geprüften Anschnallgurt, hinter einem festen Trenngitter oder in einer Box transportiert werden.
D Wer einen Hund ungesichert im Auto transportiert, riskiert eine Geldstrafe und Punkte im Flensburger Register.

158

Ist eine Haftpflichtversicherung für alle Hunde zwingend vorgeschrieben?

A Ja.
B Nein, dies variiert je nach Bundesland in Abhängigkeit von der Rassezugehörigkeit bzw. Größe des Hundes.
C Nein, nur wenn man den Hund frei laufen lassen möchte.

D Nein, aber es ist sinnvoll, denn als Tierhalter haftet man für jeden Schaden, der durch den eigenen Hund verursacht wurde.

159

Ist Kettenhaltung in Deutschland grundsätzlich erlaubt?

A Ja, es gibt diesbezüglich keine besonderen Bestimmungen.

B Nein, die Kettenhaltung ist in Deutschland verboten.

C Ja, aber die Kette muss mindestens einen Meter lang sein.

D Nein, an einer speziellen Laufleinenvorrichtung dürfen die Hunde aber angebunden gehalten werden.

160

Ist es in Deutschland gestattet, einem Hund Rute oder Ohren zu kupieren?

A Ja, schließlich ist es in bestimmten Rassestandards vorgeschrieben.

B Ja, aber nur innerhalb der ersten 16 Wochen, weil die Hunde in dieser Zeit noch kein Schmerzempfinden haben.

C Nein, es ist grundsätzlich für alle Hunderassen verboten.

D Nein, es ist verboten, jedoch mit der Ausnahme von jagdlich geführten Hunden. Diesen darf weiterhin die Rute kupiert werden.

161

Die Kastration eines Hundes ist:

A in Deutschland grundsätzlich verboten.

B erst ab einem Alter von 12 Monaten erlaubt.

C im Tierschutzgesetzt geregelt.

D bei medizinischer Indikation erlaubt.

162

Was geschieht im Falle eines Unfalls, wenn ein Hund ungesichert im Auto transportiert wird?

A Der Tierhalter wird belangt, denn es ist vorgeschrieben, Hunde im Auto nur gesichert zu transportieren.

B Eigentlich kann nichts Schlimmes passieren, da die Hunde ja zumeist im Auto liegen.

C Der Hund kann bei einem Autounfall ein erhebliches Verletzungsrisiko für Insassen darstellen und auch selbst schwer verletzt werden.

D Dem Fahrer kann unabhängig vom Unfallhergang eine Teilschuld zugesprochen werden.

163

Gibt es gesetzliche Vorschriften für die Zwingerhaltung von Hunden?

A Nein.

B Ja, diese stehen in der Tierschutz-Hundeverordnung.

C Ja, sie besagen, dass nur Hunde, die größer als 40 cm Schulterhöhe sind, in Zwingeranlagen gehalten werden dürfen.

D Ja, der Hund darf nicht länger als zwei Stunden täglich im Zwinger gehalten werden.

164

Welchen Ausdruck zeigt dieser Hund?

A Der Hund ist neutral bis aufmerksam.

B Der Hund ist ängstlich.

C Der Hund droht selbstsicher.

D Der Hund ist unterwürfig.

165

Welchen Ausdruck zeigt dieser Hund?

A Der Hund ist neutral bis aufmerksam.
B Der Hund droht aus Unsicherheit.
C Der Hund ist friedfertig.
D Der Hund ist unterwürfig.

166

Welchen Ausdruck zeigt dieser Hund?

A Der Hund ist neutral bis aufmerksam.
B Der Hund ist stark ängstlich.
C Der Hund ist aggressiv.
D Der Hund ist unterwürfig.

167

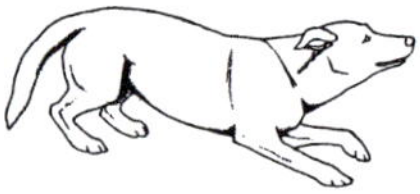

Welchen Ausdruck zeigt dieser Hund?

A Der Hund ist neutral bis aufmerksam.
B Der Hund ist aggressiv.
C Der Hund zeigt beschwichtigendes Verhalten.
D Der Hund ist freundlich-unterwürfig.

168

Welchen Ausdruck zeigt dieser Hund?

A Der Hund ist unterwürfig.
B Der Hund droht selbstsicher.
C Der Hund ist zurückhaltend und zeigt eine leichte Spielgeste.
D Der Hund ist müde.

169

Welchen Ausdruck zeigt dieser Hund?

A Der Hund ist ängstlich und unterwürfig.
B Der Hund ist neutral bis aufmerksam.
C Der Hund droht unsicher und ist erregt.
D Der Hund zeigt eine Unterwerfungsgeste.

170

Welchen Ausdruck zeigt dieser Hund?

A Der Hund ist ängstlich und unterwürfig.
B Der Hund ist neutral bis aufmerksam.
C Der Hund ist müde.
D Der Hund droht unsicher und ist erregt.

171

Welchen Ausdruck zeigt dieser Hund?

A Der Hund ist ängstlich und unterwürfig.
B Der Hund ist neutral bis aufmerksam.
C Der Hund ist müde.
D Der Hund zeigt eine Unterwerfungsgeste.

Hinweis: Grundsätzlich beziehen sich die abgefragten Inhalte auf „normales“ Hundeverhalten und Hundeverhalten im Allgemeinen. In Einzelfällen kann, unter anderem bedingt durch die ausgeprägte Lernfähigkeit und das Anpassungsvermögen von Hunden, durchaus abweichendes Verhalten auftreten.

Lösungen

1 B
2 B
3 A, C
4 A, B, C
5 A, B, C, D
6 A, B, D
7 A, B, C
8 A, B, C, D
9 A, B, C, D
10 C
11 B, C, D
12 C, D
13 A
14 B, C, D
15 B
16 B, C
17 A, C
18 A, B, C
19 A, B
20 A, B
21 B, C
22 B, C
23 A, B, D
24 A, B, D
25 A
26 B
27 B
28 A, C
29 B, D
30 D
31 A, B, C
32 A
33 B, D
34 D
35 C
36 A
37 A, C
38 A, B
39 A, B, C
40 B
41 A, B, D
42 B
43 B, C
44 B
45 B, C, D
46 A, B, D
47 A
48 A, B, C
49 A
50 B
51 B, D
52 D
53 C
54 B, D
55 A, B, D
56 A, C, D
57 A, B, D
58 C
59 A, B, C
60 B
61 A, B
62 A, C
63 A, B
64 C
65 A, B
66 B
67 B, C
68 C
69 A, D
70 B
71 A, B
72 B, C
73 A
74 C
75 A
76 A, B, C
77 A, B, C
78 A, B, C, D
79 C, D
80 A, B
81 A
82 B, C
83 A, B, C
84 B
85 A, B
86 C, D
87 A, B
88 B, D
89 B, D
90 B, C
91 A, C
92 B, C
93 A, B
94 C, D
95 A, D
96 C, D
97 A, B, D
98 A
99 A, D
100 B, C, D
101 B, D
102 A, C
103 A, C
104 B
105 A, C
106 A
107 A
108 A, C, D
109 B, D
110 A, B, D
111 C
112 B, C
113 B, C
114 B
115 A, B, C
116 B
117 A
118 B
119 B
120 B, C, D
121 B
122 B
123 B

124 C
125 D
126 A, B, D
127 A, B
128 A
129 A, D
130 A, D
131 B
132 B, D
133 D
134 A
135 A, B, C
136 B
137 A
138 C, D
139 B
140 B, D
141 B
142 B, D
143 C
144 A, C
145 B
146 A, B, D
147 B, D
148 B, D
149 A
150 C, D
151 A, B, C
152 A, B, D
153 B
154 A, C
155 B
156 A, B, C
157 C, D
158 B, D
159 B, D
160 D
161 C, D
162 A, C, D
163 B

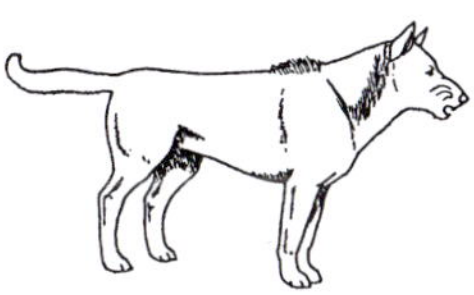

164 C

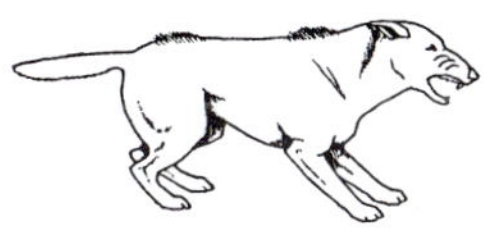

165 B

166 B, D

167 C, D

168 C

169 C

170 B

171 A, D

Service

Literatur

Abrantes, Roger: Dog Language. Wakan Tanka Publishers, 1997.

Abrantes, Roger: The Evolution Of Canine Social Behaviour. Wakan Tanka Publishers, 1997.

Beaver, Bonnie: Canine Behavior. Saunders, 1999.

Carlson, Neil R.: Physiology of Behavior. International Student Edition, 1994.

Dawkins, Marian, Stamp: Unravelling Animal Behaviour. Longman Scientific & Technical, 1995.

Ewert, Jörg-Peter: Neurobiologie des Verhaltens. Hans Huber, 1998.

Landsberg, G.; Hunthausen, W.; Ackerman, L.: Behaviour Problems Of The Dog And The Cat, Butterworth-Heinemann, 1997.

Lieberman, David A.: Learning. Brooks/ Cole, 1993.

Manteca, Xavier: Etología Clínica Veterinaria. Multimédica, 1997.

McFarland: Biologie des Verhaltens. Spektrum Akademischer Verlag, Gustav Fischer, 1999.

Martin, G. & Pear, J.: Behavior Modification. Prentice Hall, Upper Saddle River, New Jersey, 1996.

Mech, L. David: Alpha-Status, Dominanz und Arbeitsteilung in Wolfsrudeln (Canis lupus), Canadian Journal of Zoology 1999/77: 1196–1203.

Niemand, H.G., Suter, P.F.: Praktikum der Hundekrankheiten. Blackwell Wissenschaftsverlag, Berlin, 1994.

O'Farell, Valerie: Verhaltensstörungen beim Hund. Verlag M. und H. Schaper, 1991.

Overall, Karen: Clinical Behavioral Medicine For Small Animals. Mosby Year Books, Inc., 1997.

Quandt, Christiane & Bernauer-Münz, Heidi: Problemverhalten beim Hund. VETspezial, Gustav Fischer, 1995.

Reid, Pamela J.: Excelerated Learning. James and Kenneth, Oakland, CA, 1996.

Scott, J. P., Fuller, J. L.: Genetics And The Social Behavior Of The Dog. The University of Chicago Press, 1996.

Serpell, John: The Domestic Dog. Cambridge University Press, 1995.

Recht:

Duschner, Sabine: Hunde und Katzen im deutschen Recht. Inaugural-Dissertation zur Erlangung der tiermedizinischen Doktorwürde der Tierärztlichen Fakultät der Ludwigs-Maximilians Universität München, 1999.

Bürgerliches Gesetzbuch

Gesetz zur Bekämpfung gefährlicher Hunde

Gesetz zur Beschränkung des Verbringens oder der Einfuhr gefährlicher Hunde in das Inland

Ordnungswidrigkeiten Gesetz

Straßenverkehrsordnung

Tierschutzgesetz

Tierschutz-Hundeverordnung

Tierseuchengesetz

Tollwutverordnung

Verordnung (EU) Nr. 576/2013 des Europäischen Parlaments und des Rates über die Verbringung von Heimtieren zu anderen als Handelszwecken und zur Aufhebung der Verordnung (EG) Nr. 998/2003

Verordnung über Ausnahmen zum Verbringungs- und Einfuhrverbot von gefährlichen Hunden in das Inland

Zum Weiterlesen:

del Amo, Celina: Probleme mit dem Hund. Ulmer, 2007.

del Amo, Celina: Welpenschule. Ulmer, 2010.

Donaldson, Jean: Hunde sind anders. Kosmos, 2012.

Feddersen-Petersen, Dorit: Ausdrucksverhalten beim Hund. Kosmos, 2008.

Feddersen-Petersen, Dorit: Hunde und ihre Menschen. Kosmos, 2001.

Fogle, Bruce: Hunde richtig erziehen. BLV Verlagsgesellschaft mbH, München, 2006.

Hallgren, Anders: Hundeprobleme – Problemhunde, Oertel + Spörer Verlag, 2001.

Jones, Renate: Welpenschule leichtgemacht. Kosmos, 2002.

Laser, Birgit: Clickertraining. Cadmos Verlag Gmbh Lüneburg, 2005.

Laser, Birgit: Obedience. Cadmos Verlag, 2006.

Lehari, Gabriele: 400 Hunderassen von A–Z. Ulmer, 2017.

Neville, Peter: Hunde verstehen. Knaur Verlag, 2013.

Pryor, K.: Positiv bestärken – sanft erziehen. Kosmos, 2017.

Rugaas, Turid: Calming Signals – Die Beschwichtigungssignale der Hunde. Animal Learn Verlag, 2001.

Schaal, Monika & Daugschieß-Thumm, Ursula: Der schwierige Hund im Training. Ulmer, 2001.

Wilcox, Bonnie und Walkowicz, Chris: Kynos Atlas Hunderassen der Welt. Kynos Verlag, 2008.

Winkler, Sabine: Hundeerziehung. Kosmos, 2017.

Zu Rechtsfragen:

Gängel, Andreas & Gansel, Timo: Rechtsratgeber für Hundehalter. Falken, 2001.

Wienzeck, Friedrich & Jutta: Hunde im Paragraphendschungel. Kynos Verlag, 2000.

Hinweis

Register

Die Autorinnen

sind mit Seminaren und Vorträgen in der Aus- und Weiterbildung von Tierärzten, tiermedizinische Fachangestellten, Hundetrainern und Hundehaltern tätig.

Celina del Amo
ist Tierärztin mit der Zusatzbezeichnung Verhaltenstherapie für Hunde und Katzen. Sie ist Gründerin der Hundeschule Knochenarbeit (Düsseldorf). Ihr Tätigkeitsschwerpunkt liegt in der tierärztlichen Praxis, Coaching und Aus- und Fortbildung von Tierärzten und Hundetrainern im Zentrum für angewandte Kynologie und klinische Ethologie „Lupologic". Im Verlag Eugen Ulmer sind von ihr u. a. folgende Titel erschienen: Dogdance, Hundeschule Step by Step, Spielschule, Spaßschule, Welpenschule.

Karina Mahnke
ist Tierärztin mit der Zusatzbezeichnung Verhaltenstherapie für Hunden und Katzen. Sie hat eine Tierarztpraxis für Verhaltenstherapie. Ihre Schwerpunkte sind Schilddrüsenerkrankungen und Jagdverhalten. Im Verlag Eugen Ulmer sind von ihr folgende Bücher erschienen: Grundschule für Hunde, Powerspiele für Hütehunde.

Dr. Renate Jones-Baade
ist Tierärztin mit der Zusatzbezeichnung Verhaltenstherapie. Sie hat an der Universität Southhampton ein Zweitstudium absolviert (MSc in „Companion Animal Behavior Counselling") und ist Vollmitglied der APBC (Association of Pet Behaviour Counsellors) in England. Sie ist in der Aus- und Weiterbildung von Tierärzten und Hundetrainern tätig und führt außerdem in München eine Praxis für Tierverhaltenstherapie mit dem Schwerpunkt Aggressionsverhalten. Von ihr sind folgende Bücher erschienen: Welpenschule leicht gemacht, Aggressionsverhalten bei Hunden, und Aggressiver Hund, was tun?.

Adressen

Gesellschaft für Tierverhaltensmedizin und -therapie e. V. (GTVMT)
Hohensasel 16
22395 Hamburg
E-Mail: vorstand@gtvmt.de
Internet: www.gtvmt.de

Berufsverband der Hundeerzieher/innen und Verhaltensberater/innen e. V. (BHV)
Geschäftsstelle
Alt Langenhain 22
65719 Hofheim
E-Mail: info@hundeschulen.de
Internet: www.hundeschulen.de

Bildquellen

Die Zeichnungen wurden gefertigt von Helmuth Flubacher, Waiblingen, Seite 38, Margret Hoss, Fellbach, Seite 43(2), und Dr. Anna Laukner, Ibiza, Seite 16/17, 23, 42 nach Vorlagen aus der Literatur.
animals-digital/Brodmann: S. 82(3), 83(2).
Kothe, Dieter: Seite 2, 62, 63, 64, 74.
Kuhn, Regina: Seite 7, 13, 14, 19, 20, 22, 27, 36, 47, 48, 49, 53, 54, 76.
Schmidt-Röger, Heike: Seite 1, 4, 25, 30, 35, 55, 56, 61, 67, 71, 81, 83u., 109.
Theby, Viviane: Seite 77.
Silke Klewitz-Seemann: Titelbild.

Impressum

Die in diesem Buch enthaltenen Empfehlungen und Angaben sind von den Autorinnen mit größter Sorgfalt zusammengestellt und geprüft worden. Eine Garantie für die Richtigkeit der Angaben kann aber nicht gegeben werden. Autorinnen und Verlag übernehmen keine Haftung für Schäden und Unfälle. Bitte setzen Sie bei der Anwendung der in diesem Buch enthaltenen Empfehlungen Ihr persönliches Urteilsvermögen ein.

Bibliografische Information der Deutschen Nationalbibliothek
Die Deutsche Nationalbibliothek verzeichnet diese Publikation in der Deutschen Nationalbibliografie; detaillierte bibliografische Daten sind im Internet über http://dnb.d-nb.de abrufbar.

Wollgrasweg 41, 70599 Stuttgart (Hohenheim)
E-Mail: info@ulmer.de
Internet: www.ulmer.de
Lektorat: Antje Munk, Kathrin Gutmann
Herstellung: Katharina Merz
Umschlag-Gestaltung: Verlag Eugen Ulmer
Satz: Katharina Merz
Druck und Bindung: Firmengruppe Appl, aprinta Druck, Wemding
Printed in Germany

ISBN 978-3-8186-0705-0